宝宝辅食添加营养全书

王兴国 姜丹 史晓毅◎著

U0213303

化学工业出版社

·北京·

《宝宝辅食添加营养全书》是根据0~2岁不同月龄宝宝营养需求编写的分阶段的全面指导书，每个阶段都有科学具体的辅食添加营养指导意见，按照身体所需搭配辅食，帮助孩子营养均衡，健康成长。本书强调食材的选择和制作技巧，既营养丰盛，又保证食品安全，从小培养孩子多样化的饮食习惯，让宝宝喜欢天然食材的味道，避免挑食和偏食。

　　本书中每个阶段都配有宝宝一周辅食安排示例，帮助家长更好地合理搭配宝宝的每顿餐点。

图书在版编目（CIP）数据

宝宝辅食添加营养全书 / 王兴国，姜丹，史晓毅著. —北京：化学工业出版社，2019.3
ISBN 978-7-122-33875-4

Ⅰ.①宝⋯　Ⅱ.①王⋯　②姜⋯　③史⋯　Ⅲ.①婴幼儿-食谱　Ⅳ.①TS972.162

中国版本图书馆CIP数据核字（2019）第027057号

责任编辑：马冰初　　　　　　文字编辑：李锦侠
责任校对：边　涛　　　　　　装帧设计：北京东至亿美艺术设计有限责任公司

出版发行：化学工业出版社（北京市东城区青年湖南街13号　邮政编码 100011）
印　　装：北京东方宝隆印刷有限公司
710 mm×1000 mm　1 / 16　印张10½　字数300千字　2019年7月北京第1版第1次印刷

购书咨询：010-64518888　　　　售后服务：010-64518899
网　　址：http://www.cip.com.cn
凡购买本书，如有缺损质量问题，本社销售中心负责调换。

定　　价：49.80元

— 前　言 —

　　从胎儿期至出生后 2 岁的 1000 天，是决定其一生营养与健康、体格与心智状况最关键的时期。这段时间大致可分成胎儿期、新生儿至 6 个月和 7~24 个月 3 个阶段。胎儿期完全依靠孕妇的饮食营养；新生儿至 6 个月纯母乳喂养与乳母饮食营养息息相关；7~24 个月合理添加辅食才能获得全面营养。不仅是孩子，孕育宝宝的妈妈在这 1000 天中也要面对饮食营养挑战，避免可能出现的多种形式的营养不良。

　　国务院办公厅《国民营养计划（2017—2030 年）》要求开展生命早期 1000 天营养健康行动，重视对孕妇、产妇和婴幼儿的饮食营养指导，采用多种手段改善这一群体的营养状况。

　　在如此重要且宝贵的 1000 天里，妈妈和宝宝到底应该怎样吃才能更好地满足身体营养需求，促进身心健康呢？我和几位同行一起总结整理了这一时期饮食营养的要点，开发了示范营养食谱，制作了一些容易操作的营养餐。这套书共计 3 册，分别是《吃不胖的备孕怀孕营养餐》《宝宝辅食添加营养全书》和《奶水足吃不胖的月子营养餐》。

《宝宝辅食添加营养全书》根据不同月龄宝宝的营养需求设计辅食，强调食材的选择和制作技巧，既营养又丰盛。帮助宝宝从小培养多样化的饮食习惯，让宝宝喜欢天然食材的味道，避免挑食和偏食。

这套书编写的初衷是把饮食营养知识与菜肴烹制手法结合起来，对读者手把手地加以指导。本系列图书创作者的专业背景各有侧重，从事的工作也不一样，但对孕产育儿饮食营养的理解是相同的。我们一直深耕这一领域，做了大量科普工作，积累了很多经验，也先后出版了一些相关书籍。希望这套图书的出版能将营养学知识落实到一餐一饭中，帮助读者解决现实中的营养问题。

王兴国

2019 年 1 月 3 日于大连

宝宝辅食添加营养全书

CONTENTS
目 录

PART2　宝宝开始添加辅食

PART3 7~9月龄宝宝辅食添加

NO.3
米糊类

NO.4
果蔬泥类

NO.5
肉肝泥类

PART4   10~12月龄宝宝辅食添加

NO.1
10~12 月龄宝宝辅食添加营养指导   60

NO.2
10~12 月龄宝宝一周辅食安排示例   61

NO.3
粥面类

NO.4
其他食物类（手指食物）

PART5　13~18月龄宝宝辅食添加

NO.1
13~18 月龄宝宝辅食添加营养指导

NO.2
13~18 月龄宝宝一周辅食安排示例

NO.3
粥面类

NO.4
蔬果类

NO.5
鱼虾肉蛋和大豆制品类

PART6 19~24月龄宝宝辅食添加

NO.5
鱼虾肉蛋和大豆制品类

母乳喂养的优势巨大，每个宝宝都应该尽量享受母乳喂养。配方奶粉是不得已的选择，但也可以让宝宝健康地生长发育，关键是要科学合理地选择配方奶粉。不论何种喂养方式，家长都要定期测量宝宝的身长（身高）、体重，使用生长曲线图来评估其发育情况，及时发现问题，调整喂养方法。

宝宝辅食添加营养全书

PART 1

宝宝喂养不能马虎

母乳喂养

- 6 月龄内纯母乳喂养
- 母乳喂养需要知道的事情

配方奶粉喂养

- 配方奶粉营养足
- 配方奶粉的年龄段
- 关注宝宝成长曲线

母乳喂养

6 月龄内纯母乳喂养

宝宝出生后 1~180 天（6 个月内）是一生中生长发育的第一个高峰期，生长发育速度之快超过其他任何时期，对能量和营养素的需求也高于其他任何时期。在此期间，母乳既可提供优质、全面、充足和结构适宜的营养素，满足婴儿生长发育的需要，又能完美地适应婴儿功能尚未完善的消化系统，并促进其器官发育和功能成熟。

母乳喂养是最佳的喂养方式。世界卫生组织 (WHO)、联合国儿童基金会 (UNICEF)、美国儿科学会（AAP）和中国营养学会等发布的指南中均建议，6 月龄内的宝宝应该纯母乳喂养。

"纯母乳"的意思是除母乳之外不喂其他任何食物或饮料，特殊情况需要在满 6 月龄前添加辅食的，应咨询医生或其他专业人士后谨慎做出决定。

母乳喂养需要知道的事情

根据《中国居民膳食指南（2016）》有关母乳喂养的建议，有以下几方面重要内容。

① 产后尽早开奶，让婴儿反复吸吮乳头，坚持新生儿第一口食物是母乳，只要出生后 3 天内体重下降 ≤ 7% 就不用担心宝宝饿坏。环境温馨、心情愉悦、精神鼓励、乳腺按摩等辅助因素，均有助于顺利成功开奶。

② 婴儿出生后数日开始补充维生素 D，每天 400 国际单位（10 微克），但不需补钙。

③ 每天哺乳 8 ~ 12 次，婴儿出生后的最初 2 天每天至少排尿 1 ~ 2 次，之后每 24 小时排尿 6 ~ 8 次。

④ 婴儿异常哭闹时，应考虑非饥饿原因，积极就医。

⑤ 婴儿满 6 月龄起添加辅食，应坚持母乳喂养，可到 2 岁或以上。

维生素

D

⑥ 乳母上班期间，可以用吸奶泵将母乳吸出，室温存放（20~30℃）不要超过 4 小时，冰箱冷藏时间不超过 24 小时。

⑦ 用世界卫生组织（WHO）的儿童成长曲线监测宝宝体格指标，保持健康生长即可，不要跟其他宝宝攀比谁长得快。

配方奶粉喂养

 配方奶粉营养足

　　当母乳喂养不能进行时，应选用婴儿配方奶粉进行喂养，而不是普通牛奶、羊奶、奶粉、蛋白粉、豆奶粉或其他食物。配方奶粉与普通牛奶或奶粉的区别是添加了一些后者原本不含或含量极少的营养成分。这些营养成分要么在母乳中含量较多（如乳清蛋白、亚油酸、DHA、肉碱等），要么虽然母乳中含量不多，但已经证实对婴儿发育十分有益（如铁、维生素D等）。与此同时，还要调低一些营养成分的含量，如酪蛋白、饱和脂肪酸、

钾和钠等。简而言之，配方奶粉就是普通牛奶的升级版，营养价值更高，更适合婴儿营养需要。食品安全国家标准《婴儿配方食品》（GB 10765—2010）和《较大婴儿和幼儿配方食品》（GB 10767—2010）对配方奶粉营养素（如蛋白质、脂肪酸、铁、钙、锌、维生素A、B族维生素、维生素D等）的含量有非常具体的要求。

配方奶粉的年龄段

　　配方奶粉根据适用对象不同，主要分为以下几类。

　　① "1"段配方，适用于0~12月龄婴儿，能满足0~6月龄正常婴儿的营养需要（6月龄以后需要添加辅食）。

　　② "2"段配方，适用于6月龄以上婴幼儿，作为他们混合食物中的组成部分，其中有些专门适用于12月龄以上幼儿的，也称为"1+"配方。

　　③ 特殊医学配方，适用于生理上有特殊需要或患有代谢疾病的婴儿。如专为乳糖不耐受婴儿设计的无乳糖配方，为预防牛奶蛋白过敏设计的部分水解蛋白配方，提供给牛奶蛋白过敏宝宝（有些出现湿疹）的深度水解蛋白或氨基酸配方，为早产儿设计的早产儿配方，为苯丙酮酸尿症患儿设计的特殊配方等。这些配方奶粉应该在专业人士的指导下使用。

　　12个月以内的宝宝不能母乳喂养或母乳不足时，应选择配方奶粉作为母乳的补充。12~24个月的宝宝仍建议用配方奶粉，而不是普通奶类。当然，作为多样化食物的一部分，此阶段宝宝吃一点酸奶、奶酪或其他普通奶类也是可以的，但最好不要完全取代配方奶粉。24个月以后可以改用普通牛奶或者继续使用配方奶粉。

 关注宝宝成长曲线

配方奶粉喂养的宝宝更需要用世界卫生组织（WHO）的儿童成长曲线监测宝宝体格指标，避免过度喂养。身长（高）和体重是反映婴儿喂养和营养状况的直观指标。6月龄前婴儿每半个月测量一次身长（高）和体重。测量体重最好用专门的婴儿体重秤，空腹，排去大小便，尽量脱去衣裤、鞋帽、尿布等，最好能连续测量两次，两次间的差异不应超过 10 克。

出生体重正常婴儿的最佳生长模式是基本维持其出生时在群体中的分布水平，不宜追求参考值上限，因为婴儿的生长有自身的规律。

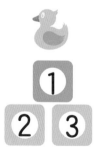

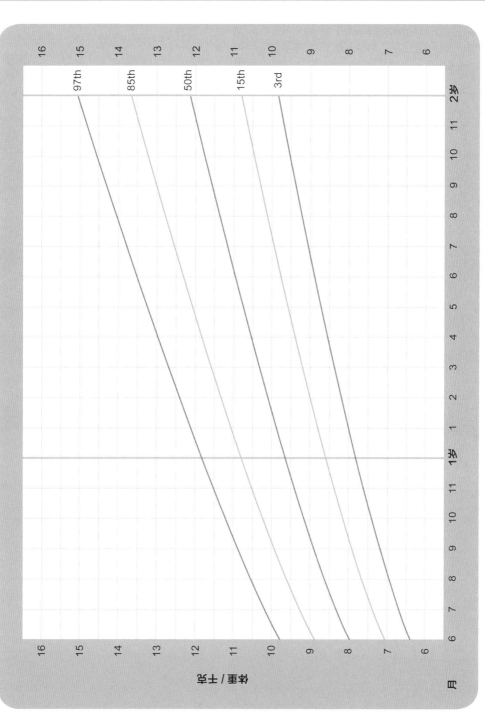

图1 男孩6个月～2岁年龄－体重生长曲线

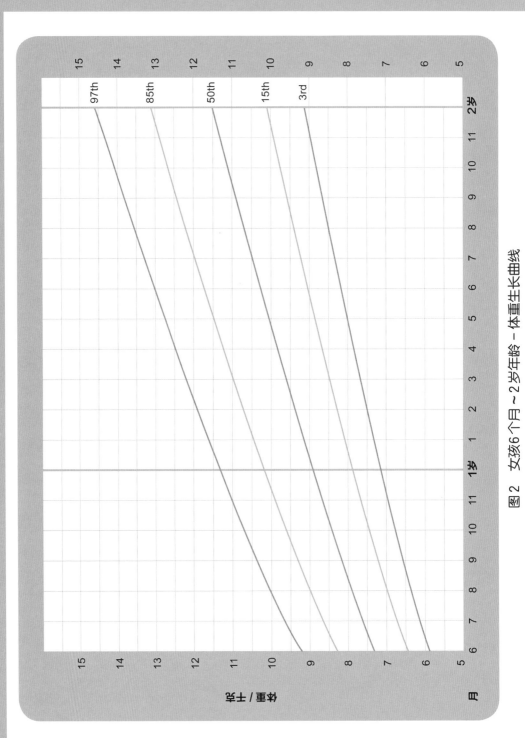

图 2　女孩6个月～2岁年龄－体重生长曲线

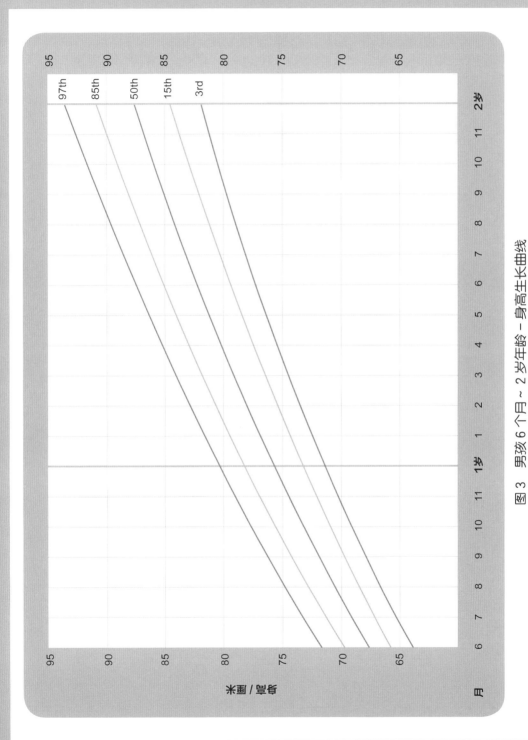

图 3　男孩 6 个月 ～ 2 岁年龄 - 身高生长曲线

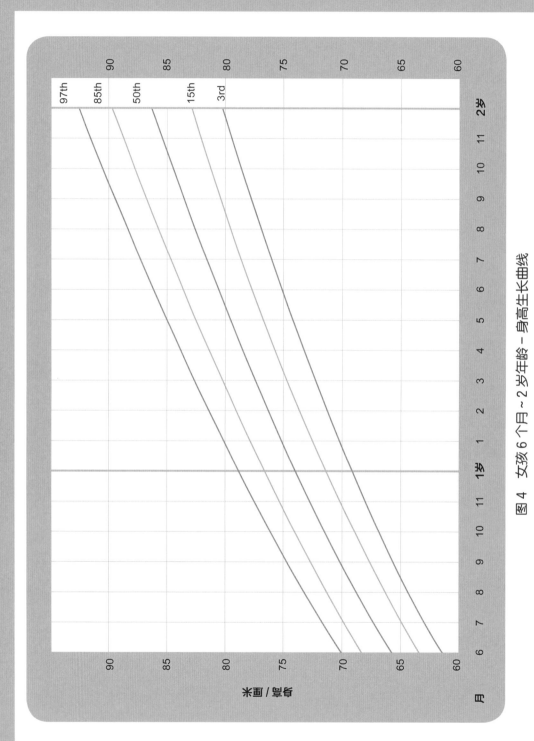

图 4 女孩 6 个月～2 岁年龄 - 身高生长曲线

科学合理地添加辅食是宝宝正常生长发育的基础，不好的辅食会使宝宝的发育落后。添加辅食的关键目的之一是补铁，加铁米粉、动物肝脏和瘦肉是最佳选择。宝宝最初的辅食都是泥糊状的，有些可以家庭制作，有些可能需要购买。无论如何，宝宝添加辅食这件事，家长要用心、细致地对待。

PART 2

宝宝开始添加辅食

- 宝宝准备好添加辅食了
- 制作泥糊状辅食的基本方法
- 在超市中如何选购辅食
- 喂养安全

宝宝准备好添加辅食了

辅食是指除母乳和（或）配方奶粉以外的其他各种性状的食物，应该在宝宝满6个月（180天）时开始添加。根据中国营养学会《中国居民膳食指南（2016）》和《美国儿科学会育儿百科》的有关建议，我们整理了宝宝辅食添加的有关原则。

● 1. 满6月龄（180天）起添加辅食，不要太早，也不能太晚。过去有人建议从4个月起添加辅食，目前认为这是不恰当的。有特殊需要时须在医生的指导下提前或推迟辅食添加时间。

● 2. 辅食从富含铁的泥糊状食物（如加铁米粉、肉泥）开始。最开始的辅食选强化铁的婴儿米粉，用母乳、配方奶或水冲调成稍稀的泥糊。辅时添加每次只能引入一种新的食物（适应2~3天），逐步添加达到食物多样，并且从泥糊状食物逐渐过渡到半固体或固体食物，如烂面条、肉末、碎菜、水果粒等。

● 3. 关于添加辅食时食物的先后顺序，过去有很多建议，比如"蛋黄要8个月加，蛋清要1岁加""先添加果蔬，再添加肉类"等，但目前的观点是辅食添加并没有特定的顺序，推迟添加鸡蛋等高过敏食物不可能预

防过敏。辅食添加顺序并不重要，重要的是注意观察是否有食物过敏现象。如果在尝试某种新食物后的1~2天内出现呕吐、腹泻、湿疹等不良反应，必须及时停止喂养，待症状消失后再从少量开始尝试，如仍然出现同样的不良反应，应尽快咨询医生，确认是否为食物过敏。特别注意：宝宝偶尔出现的呕吐、腹泻、湿疹等不良反应，不能确定与新引入的食物相关时，不能简单地认为宝宝不适应此种食物而不再添加。

● 4. 婴儿米粉是推荐的辅食，因为它强化了铁及其他营养素，营养价值远远超过家庭自制的米粥和米饭。

● 5. 家庭制作辅食时，1岁内不要加盐、酱油、鸡精、味精、糖等调味品，但应该用植物油。宜多采用蒸、煮，不用煎、炸、腌、熏、卤。父母及喂养者不应以自己的口味来评判辅食是否好吃。

● 6. 父母应负责准备安全（如生熟分开，不吃剩饭剩菜）、有营养的食物，根据婴幼儿的需要及时提供，并创造良好的进食环境，而具体吃什么、吃多少，则应由宝宝自主决定。父母应及时感知宝宝发出的饥饿或饱足的信号，充分尊重宝宝的意愿，耐心鼓励，但绝不能强迫喂养，应允许宝宝在已准备好的食物中挑选自己喜爱的食物。

制作泥糊状辅食的基本方法

肉类

选用瘦猪肉、牛肉等，洗净后剁碎，或用食品加工机将肉块粉碎成肉糜，加适量的水蒸熟或煮烂成泥状。加热前先用研钵或调羹把肉糜研压一下，或在肉糜中加入鸡蛋、淀粉等，可以使肉泥更嫩滑。

肝类

将猪肝洗净、剖开，用刀在剖面上刮出肝泥，或将剔除筋膜后的鸡肝、猪肝等剁碎或粉碎成肝泥，蒸熟或煮熟即可。也可将各种肝脏蒸熟或煮熟后碾碎成肝泥。

海鲜类

1. 将鱼洗净、蒸熟或煮熟，然后去皮、去骨，将留下的鱼肉用勺子压成泥状即可。

2. 虾仁剁碎或粉碎成虾泥，蒸熟或煮熟即可。

叶菜

选择菠菜等绿叶蔬菜，择取嫩菜叶。水烧开后将菜叶放入水中略煮，

捞出剁碎或捣烂成泥状。

 ● 根茎菜

　　将土豆、胡萝卜洗净去皮，切成小块后煮烂或蒸熟，用勺子压成泥状或捣烂，即制成土豆泥和胡萝卜泥。

● 水果

　　香蕉剥皮，用不锈钢勺轻轻刮成泥状或捣烂；苹果切成两半，去核，用勺子轻轻刮成泥状。

 # 在超市中如何选购辅食

　　在超市里，千万不要以为"奶豆"状、卡通状、有小动物图案的食品就适合宝宝吃，一定要看它们的包装上是否注明了宝宝辅食国家标准GB 10769—2010（谷类）或 GB 10770—2010（肉泥、菜泥、果汁等），只有按照标准生产的才是认可的。还要学会查看食品标签，识别出高糖、高盐的加工食品。食品标签上需要标出每 100 克食物中的能量及各种营养素的含量，并标出其占全天营养素参考值的百分比（NRV%）。如钠的NRV% 比较高,特别是远高于能量 NRV% 时,说明这种食物的钠含量较高,最好少吃或不吃；从配料表上则可查到额外添加的糖，如蔗糖（白砂糖）、麦芽糖、果葡糖浆、浓缩果汁、葡萄糖、蜂蜜等。

 ## 喂养安全

进食时应有成人看护（特别是吃鱼、大块食物时），整粒花生、腰果等坚果，宝宝无法咬碎且容易呛入气管，禁止食用。果冻等胶状食物不慎被吸入气管后，不易取出，不适合 2 岁以下婴幼儿食用。还要注意进食环境的安全。进餐时不看电视、不玩玩具，每次进餐时间不超过 20 分钟。进餐时喂养者与宝宝应有充分的交流。父母应保持自身良好的进食习惯，成为宝宝的榜样。

按照最新指南的建议，宝宝开始
添加辅食无须刻意遵守固定的顺序，
但一般建议从加铁米糊（米粉）开始，
然后陆续添加蔬菜、水果、蛋类、肉类、
鱼虾等。这一阶段的辅食几乎都是泥
糊状的，大多需要专门制作。

PART 3

7~9月龄宝宝辅食添加

NO.1 7~9月龄宝宝辅食添加营养指导

NO.2 7~9月龄宝宝一周辅食安排示例

NO.3
米糊类

NO.4
果蔬泥类

NO.5
肉肝泥类

7~9月龄宝宝辅食添加营养指导

　　7 ～ 9 月龄宝宝每天进食量：每天 600 毫升以上的奶，并优先添加强化铁的婴儿米粉等富铁食物，逐渐达到每天 1 个蛋黄和（或）全蛋以及 50 克肉禽鱼（如果鸡蛋过敏不能吃，就再加 30 克肉类），其他谷物类（稠粥、烂面条等）、蔬菜（菜泥、碎菜等）、水果（果泥、果碎等）的添加量根据宝宝需要而定。如宝宝辅食以谷物类、蔬菜、水果等植物性食物为主，则需要额外添加 5 ～ 10 克油脂，推荐以富含 α‐亚麻酸的植物油为首选，如亚麻籽油、核桃油等。

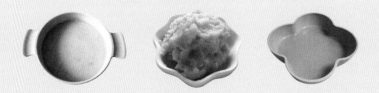

NO.2 7~9月龄宝宝一周辅食安排示例

时间	餐次	周一	周二	周三	周四
早上 7 点	早餐	母乳 / 配方奶			
上午 10 点	加餐	母乳 / 配方奶			
中午 12 点	午餐	加铁米糊	鱼菜米糊	鲜肉营养米糊	番茄土豆泥
下午 3 点	加餐	母乳 / 配方奶			
晚上 6 点	晚餐	土豆南瓜泥	西蓝花米糊	豌豆泥	番茄鸡肝泥
晚上 9 点	加餐	母乳 / 配方奶			

时间	餐次	周五	周六	周日
早上 7 点	早餐	母乳 / 配方奶		
上午 10 点	加餐	母乳 / 配方奶		
中午 12 点	午餐	山药小米糊	黄瓜牛肉米糊	紫薯蛋黄蓝莓米糊
下午 3 点	加餐	母乳 / 配方奶		
晚上 6 点	晚餐	三文鱼肉泥	菠菜虾肉泥	枣肝泥
晚上 9 点	加餐	母乳 / 配方奶		

夜间可能还需要母乳或配方奶喂养 1 次

PART 3

7~9月龄宝宝辅食添加

NO.3

米糊类

加铁米糊

 原料调料

加铁米粉 10 克，温水或配方奶粉适量。

 烹调方法

用母乳、配方奶或水将加铁米粉冲调成稍稀的糊，搅拌均匀，即可食用。

主要原料

 营养说明

第一次添加只尝试 1 小勺，一天尝试 1~2 次。第一次尝试可能宝宝只会舔吮，甚至会用舌头将食物推出、吐出。不要着急，慢慢练习。宝宝习惯后，加铁米糊可作为主要的谷类食物，并逐渐与肉泥、鱼泥、蛋黄、菜泥等其他辅食混合喂。加铁米糊的营养价值高于家庭自制米粥、米糊、米饭。

米糊类 NO.3

山药小米糊

原料调料

小米 10 克，山药 10 克。

烹调方法

1. 小米淘洗干净，用水浸泡 1 小时。
2. 山药去皮洗净，切成小块。
3. 将小米和山药块放入料理机中打碎，然后倒入锅中搅拌煮熟即可。

主要原料

中间步骤

营养说明

宝宝在辅食添加之初，最好选择软烂、容易消化的食物。山药和小米都非常适合辅食添加之初的宝宝食用。初次尝试新的食物，要注意观察宝宝是否有过敏现象，用山药熬制成的小米糊带着淡淡的香味，能让宝宝吃得更加满足。辅食添加的过程中最好每次只增加一个新品种，待尝试几次婴儿无过敏且适应之后再添加新的品种。

鱼菜米糊

原料调料

加铁米粉 15 克，无骨鱼肉 10 克，青菜 10 克。

烹调方法

1. 将鱼肉洗净，青菜洗净，分别剁成碎末后混合，放入蒸锅中蒸熟。

2. 将加铁米粉放入碗中，加温开水调匀，制成米糊。

3. 将蒸好的青菜鱼肉末用研磨碗捣碎，加入米糊中，拌匀即可。

主要原料

中间步骤

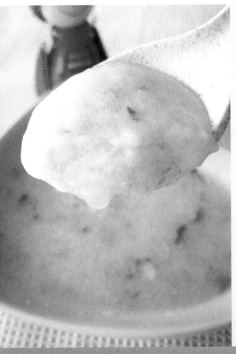

营养说明

7~8 月龄的宝宝，可以考虑添加一些鱼肉和蔬菜了，鱼肉中含有优质蛋白，青菜中含有多种维生素和矿物质，在加铁米糊中加入一些鱼菜类，可以让宝宝感受到更多食物的味道，营养也更加均衡。同时，在制作时可以变换蔬菜的种类。

米糊类 NO.3

蛋黄西蓝花米糊

 原料调料

西蓝花 15 克，鸡蛋 1 个，加铁米粉 10 克。

 烹调方法

1. 鸡蛋煮熟，取半个蛋黄压碎；西蓝花洗净焯熟，切碎备用。
2. 用温奶粉冲调加铁米粉，再加入蛋黄碎、西蓝花碎即可。

主要原料	中间步骤 1	中间步骤 2

 营养说明

蛋黄是宝宝辅食十分常用的食材，虽然它的补铁作用欠佳（蛋黄中的铁很难被吸收），但蛋黄的营养价值是很高的。初次添加蛋黄的时候最好不要太多，以 1/4 个蛋黄为宜，宝宝适应后再逐渐增加蛋黄的量。

黄瓜牛肉米糊

 原料调料

加铁米粉 15 克，黄瓜 10 克，牛肉 10 克。

 烹调方法

1. 牛肉切成丁，焯水备用。
2. 黄瓜洗净，去皮，切成薄片，加适量水煮熟。
3. 将牛肉和黄瓜连同汁水用搅拌机打碎，然后趁热加温水和加铁米粉一起搅拌均匀。

主要原料

中间步骤 1

中间步骤 2

 营养说明

米粉中混入肉泥和蔬菜，这是宝宝辅食最推荐的搭配方式，不但营养全面，而且瘦肉会促进加铁米粉和蔬菜中铁的吸收，非常适合宝宝补铁。

鲜肉营养米糊

原料调料

牛肉 20 克，胡萝卜 10 克，西蓝花 10 克，加铁米粉 15 克。

烹调方法

1. 将牛肉蒸熟，西蓝花和胡萝卜（去皮）在水中焯熟。将蔬菜和牛肉都切成小丁，一同放入料理机中打碎。

2. 准备半碗温开水，加入加铁米粉，调成米糊。

3. 将蔬菜牛肉碎也加入米糊中，所有食材搅拌均匀即可。

主要原料　　　　　　中间步骤 1　　　　　　中间步骤 2

营养说明

搭配米糊的蔬菜和肉类可以按宝宝的喜好组合，但是要注意宝宝是否会对食物过敏。要遵循从少样到多样的原则，一点一点地增加宝宝的辅食种类。7~9 个月的宝宝，每天可以辅食喂养 2~3 次。

西蓝花米糊

 原料调料

西蓝花 2 朵，加铁米粉 15 克。

 烹调方法

1. 西蓝花用清水洗净，下锅煮熟，切成小块后加入料理机中，放少许开水打成泥，越细越好。

2. 加铁米粉用适量的温水冲成米糊，加入西蓝花泥，搅拌均匀即可。

营养说明

米糊中添加蔬菜是宝宝初次尝试蔬菜的最好方式。7~9 个月的宝宝添加辅食，首先要考虑的是富含铁的泥糊状食物，蔬菜和水果也可以尝试。西蓝花属于绿色蔬菜，营养丰富，特别适合给宝宝食用。

蛋黄豆腐米糊

原料调料

加铁米粉 20 克，鸡蛋 1 个，豆腐 30 克。

烹调方法

1. 鸡蛋煮熟取蛋黄，豆腐切成小丁，一起放入蒸锅中蒸 10 分钟，然后打成泥。

2. 加铁米粉用适量温水冲得稠一点。在冲好的米糊中加入豆腐蛋黄泥一起搅拌均匀即可。

| 主要原料 | 中间步骤 1 | 中间步骤 2 |

营养说明

豆类是优质蛋白的补充来源，但是小宝宝在辅食添加之初，主要以品尝为主，不同种类的食物提供不同的营养素，只有多样化的食物才能提供全面而均衡的营养。豆腐、蛋黄一起混入米糊中，让宝宝尽可能多地品味不同食物的味道，非常有利于后续良好饮食习惯的养成。

白菜米糊

原料调料

白菜 20 克，加铁米粉 30 克。

烹调方法

1. 锅中放入水烧开，放入白菜，焯水 1 分钟，切成块，放进料理机中打成泥状。

2. 加铁米粉中加入适量的水调成糊状，将白菜泥放入调好的米糊中。

3. 搅拌均匀，两者比例最好是 1 ：3。

主要原料　　　　　中间步骤

营养说明

白菜中含有丰富的维生素及矿物质，与米粉一起食用，清香可口，很少引起过敏，非常适合辅食添加之初的小宝宝。

米糊类 NO.3

金枪鱼米糊

原料调料

金枪鱼 20 克，加铁米粉 30 克。

烹调方法

1. 金枪鱼洗净放入蒸锅。水开后大约蒸 8~11 分钟，取肉，注意剔除鱼刺。

2. 加铁米粉用适量的温水调成米糊状。将挑好的鱼肉捣碎加入米糊中即可。

主要原料

营养说明

鱼类最大的好处就是含有丰富的优质蛋白，而且好消化，易吸收。金枪鱼中还含有丰富的 DHA，对宝宝的大脑发育和身体发育都有很大益处，适合与米糊、蔬菜一起食用。

紫薯蛋黄蓝莓米糊

 原料调料

紫薯 50 克，鸡蛋 1 个，蓝莓少许，加铁米粉 20 克。

 烹调方法

1. 紫薯去皮切成片，蒸 15 分钟；蓝莓洗干净，泡 10 分钟，与紫薯一起打成泥。
2. 加铁米粉中加入适量的温水调成米糊状。鸡蛋煮熟，取半个蛋黄切碎。
3. 将蛋黄碎与紫薯蓝莓泥加入调好的米糊中搅拌均匀即可。

主要原料	中间步骤 1	中间步骤 2

 营养说明

紫色、黄色、白色，不同颜色的食材带来不同的营养素，再加上蓝莓的淡甜味，宝宝会十分喜欢。除了品尝到食材本身的味道，还能摄入不同的营养。

PART 3

7~9月龄宝宝辅食添加

NO.4

果蔬泥类

番茄土豆泥

 原料调料

土豆 30 克，番茄 20 克。

 烹调方法

主要原料

1. 土豆去皮切成小块，用料理机打成泥。

2. 番茄去皮，煮熟后打成泥，用筛网过滤，保留汁水。

3. 把土豆泥和番茄泥混合均匀即可。

中间步骤

 营养说明

1 岁以内宝宝的辅食，最好不要添加盐和其他调味品。番茄有天然的酸甜味道，可以作为宝宝口味的调节剂，而且番茄和土豆都是营养价值较高的蔬菜。

奶香红薯泥

 原料调料

红薯 50 克，奶粉 10 克。

 烹调方法

1. 红薯洗净去皮，切成方形小块，上锅蒸熟至软烂，用勺子压成泥。
2. 待红薯泥慢慢冷却后，调入少量奶粉即可。

主要原料

中间步骤

 营养说明

土豆、红薯、紫薯等薯类都很适合用来制作泥糊状辅食，它们兼具粮食和蔬菜的营养特点。

牛油果土豆泥

 原料调料

土豆50克,牛油果50克,奶粉少许。

 烹调方法

1. 土豆去皮切小块蒸15分钟;牛油果去皮去核切小块。

2. 奶粉用30毫升的温水冲好,然后与牛油果块、土豆块一起用料理机打成泥即可。

主要原料

中间步骤

 营养说明

牛油果中含有人体所需的必需脂肪酸,其脂肪含量比较高。牛油果加入土豆泥中口感顺滑,非常细腻,适合小宝宝吞咽。

土豆南瓜泥

 原料调料

土豆 20 克，南瓜 30 克。

 烹调方法

1. 土豆和南瓜洗净、去皮、切成块，放入锅中蒸熟。
2. 用勺子将土豆块和南瓜块压成泥，过筛即可。

主要原料

中间步骤

 营养说明

土豆和南瓜都是经典的辅食食材。首先，它们很容易加工成泥状；其次，它们的营养价值较高。土豆富含维生素C、钾和淀粉；南瓜富含胡萝卜素、维生素C和微量元素。而且，南瓜带有淡淡的甜味，与土豆混合在一起口感细腻，大多数宝宝都会喜欢。

玉米泥

原料调料

鲜玉米 50 克。

烹调方法

1. 鲜玉米洗净，把玉米粒剥下来，与清水一起下锅煮，用中火煮至玉米粒绵软后捞出沥水，放入料理机中打成泥状。

2. 玉米泥过筛，留在筛网上的玉米皮扔掉。可以在玉米泥中加一点开水调匀成糊状。

主要原料	中间步骤 1	中间步骤 2

营养说明

鲜玉米有甜味，宝宝大多爱吃。玉米的营养价值兼具谷物和蔬菜的特点，一举两得。但新鲜玉米中铁含量很低，不适合喂给刚开始（最需要补铁）添加辅食的宝宝，建议宝宝到了 10 月龄以后再尝试。

南瓜蛋黄羹

 原料调料

奶粉20克,南瓜50克,鸡蛋(生)1个。

 烹调方法

1. 南瓜去皮蒸15分钟,切成小块,然后压成泥。

2. 鸡蛋取蛋黄,加入两倍量的温开水,再加入奶粉,搅拌均匀。

3. 将1/4的南瓜泥加入蛋奶液里,搅拌均匀。

4. 盖上保鲜膜,冷水放入蒸锅中,大火煮开转中火蒸10分钟即可。

主要原料

中间步骤

 **营养说明**

鸡蛋羹是宝宝食谱中的常见美食。蒸鸡蛋羹时最好混入蔬菜(如南瓜、胡萝卜、西蓝花)、水果(如香蕉、牛油果)、肉类(如猪瘦肉、鸡肉)或鱼虾,使食材多样化。食材的种类越丰富,宝宝所摄取的营养越全面。

豌豆泥

原料调料

豌豆 50 克。

烹调方法

1. 新鲜豌豆洗净，将豌豆粒剥出备用。
2. 锅内放水，烧开后放入豌豆粒，用中火煮 10 分钟，至豌豆粒绵软后捞出沥水。
3. 将少许豌豆粒放入宝宝专用的不锈钢筛网上，用勺背按压豌豆粒。将留在筛网上的豌豆皮直接扔掉，继续将剩余的豌豆粒按压成泥。最后可加一点点开水调匀成糊状。

主要原料

中间步骤

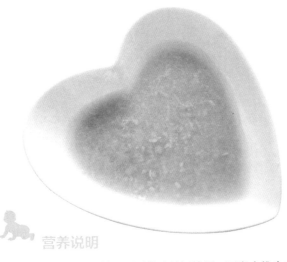

营养说明

豌豆富含淀粉，可以做成很细的泥，还富含维生素 C、钾、钙等营养素。豌豆口味淡，制作辅食既方便又营养。豌豆泥可以混入米糊中一起喂给婴幼儿，特别适合不太喜欢吃蔬菜的小宝宝。

西蓝花汁

原料调料

西蓝花 50 克。

烹调方法

1. 西蓝花洗净，切成小块，煮熟，用料理机打碎。

2. 将打碎的西蓝花用筛网过滤，保留汁水。

主要原料

营养说明

西蓝花是营养价值较高的蔬菜，富含胡萝卜素、维生素 C 和钙，胡萝卜素可以转化为维生素 A，是维生素 A 的重要来源之一。西蓝花口味清淡，适合宝宝食用。它可以蒸软、剁碎、榨汁，既可以直接食用，也可以作为配菜放入其他辅食中。

草莓泥

 原料调料

草莓 50 克。

 烹调方法

草莓洗净去蒂，用辅食碗碾压成泥即可。

 **营养说明**

草莓表面有密密麻麻的小坑，要认真清洗之后才能给宝宝食用。将草莓碾压成泥是很方便的辅食制作方法。初次给宝宝添加草莓，要注意观察宝宝有无过敏现象，尤其是皮肤和食物接触的部位，观察有无起疹的现象。

火龙果泥

原料调料

红心火龙果 50 克。

烹调方法

将火龙果洗净去皮，切成小块，用辅食碗碾压成泥即可。

营养说明

红心火龙果营养价值非常高，也非常容易加工成泥状。吃过火龙果后，很可能宝宝的大便中也会有火龙果的籽，这属于正常现象，不必担心。另外，如果宝宝食用红心火龙果之后出现尿液颜色的改变，也不必过于担心，一般几小时之后尿液就可恢复成原来的颜色。

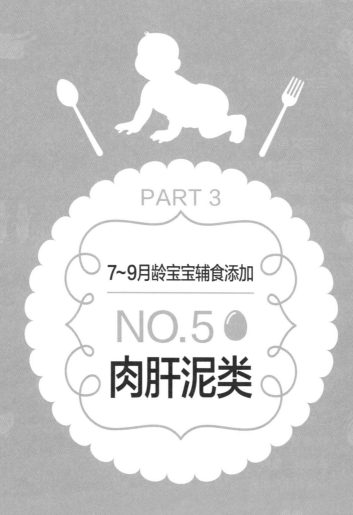

PART 3

7~9月龄宝宝辅食添加

NO.5

肉肝泥类

三文鱼肉泥

 原料调料

三文鱼肉 30 克。

 烹调方法

1. 三文鱼肉洗净,切成小块。

2. 将三文鱼肉块放入盘内,加少许水,上锅蒸熟。

3. 将熟三文鱼肉块捣烂成泥即可。

主要原料

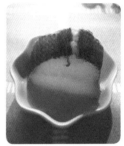

 **营养说明**

三文鱼是一种高营养的富脂鱼,鱼肉中含有非常丰富的蛋白质,含有人体所必需的多种氨基酸,而且极易被宝宝消化吸收。特别值得一提的是,三文鱼中还含有促进宝宝大脑发育的 DHA,以及铁、锌等宝宝容易缺乏的营养素,是一种十分推荐的宝宝辅食食材。也可以将三文鱼加工成三文鱼松,混入米糊中给宝宝食用。

番茄鸡肝泥

原料调料

番茄 50 克，鸡肝 30 克，加铁米粉 20 克。

烹调方法

1. 鸡肝洗净，去筋膜等，白水煮熟。

2. 番茄洗净，去皮，切块，蒸锅蒸熟。

3. 将鸡肝和番茄放入料理机，加适量温开水打成泥。

4. 加铁米粉用温开水调成米糊，将番茄鸡肝泥与调好的米糊混合均匀。

主要原料

营养说明

鸡肝中含有丰富的铁，正适合给需要强化补铁的宝宝食用。另外，鸡肝中富含维生素 A，对宝宝的眼睛也非常有益。番茄也是营养丰富的食材，而且酸甜可口，与米糊、鸡肝泥混合在一起，特别适合给宝宝食用。

枣肝泥

 原料调料

红枣 3 个，猪肝 30 克，番茄 20 克。

 烹调方法

1. 红枣用清水浸泡，蒸熟，去除外皮及内核，将红枣肉捣碎成泥。
2. 番茄去皮剁碎成泥，猪肝剁碎成泥。
3. 将番茄泥、红枣泥、猪肝泥搅拌在一起，加入适量的水，上锅蒸熟即可。

主要原料

中间步骤

 **营养说明**

红枣口味甘甜，很多小宝宝喜欢这种味道，和猪肝泥混合在一起味道也很浓郁，再加上番茄的酸甜，可以给宝宝带来不一样的口味。另外，番茄中含有比较丰富的胡萝卜素，对宝宝十分有益。

虾泥

 原料调料

鲜虾 4 只，柠檬适量。

 烹调方法

1. 将鲜虾洗净，去头、尾，去壳，
去虾线，加两片柠檬腌制 10 分钟。

2. 将腌好的虾剁成虾泥放入碗中，
加入少许水，上锅蒸熟即可。

3. 食用时可调入米糊中。

主要原料

 **营养说明**

虾中含有丰富的蛋白质，有利于宝
宝的成长发育。宝宝第一次吃虾时，
妈妈要注意观察宝宝是否出现了过
敏症状。如果出现了过敏症状，应
停止食用。当然也不代表永远不能
食用这种食物，可以过一段时间再
进行尝试。

蛋黄鱼肉泥

 原料调料

鱼肉（去刺）30 克，熟鸡蛋（取蛋黄）半个。

 烹调方法

1. 鱼肉洗净，加水清炖 15 ~ 20 分钟，取出鱼肉，汁水保留。

2. 将鱼肉拌入蛋黄中，用小勺捣成泥状。

3. 鱼肉泥中再加入少量凉的汁水，用小火蒸 5 分钟即可。

主要原料

 营养说明

鱼肉和蛋黄中均含有优质蛋白质、锌、DHA 等营养素，有利于宝宝大脑和身体的发育。

需要注意的是，在加工鱼肉泥的时候要仔细地挑出鱼刺。另外，要注意辅食加工卫生。

番茄鳕鱼泥

原料调料

鳕鱼肉 35 克，番茄 30 克，加铁米粉 20 克，淀粉少许。

烹调方法

1. 鳕鱼肉洗净，切小块放入碗中，加淀粉打成泥；番茄洗净，去皮，用勺子压成泥。
2. 用蒸锅将鳕鱼泥和番茄泥蒸熟。
3. 加铁米粉用温开水调成米糊，将鳕鱼泥和番茄泥加入米糊中拌匀。

主要原料

中间步骤

营养说明

鳕鱼、三文鱼、金枪鱼都是非常值得推荐的宝宝辅食添加的鱼类。鳕鱼口感细腻嫩滑，适合 8~9 个月的宝宝咀嚼，鳕鱼中还富含 DHA 和优质蛋白，对宝宝的视力和智力发育都有重要的促进作用。

鸡肝泥

 原料调料

鸡肝 50 克。

 烹调方法

1. 鸡肝用流动水冲洗干净，剔除筋膜后放入清水锅中煮熟。

2. 将煮熟的鸡肝捞出，研磨成泥后加入少许温水。

3. 放入锅中用中小火煮至稀糊状即可（注意搅拌，以免粘锅）。

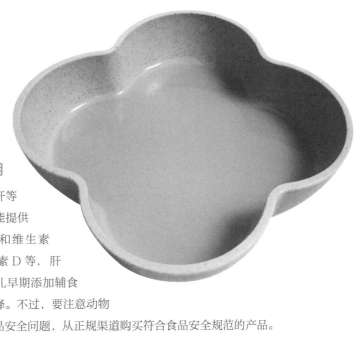

 **营养说明**

鸡肝、猪肝等
动物肝脏能提供
丰富的铁和维生素
A、维生素 D 等，肝
泥是婴幼儿早期添加辅食
的极佳选择。不过，要注意动物
肝脏的食品安全问题，从正规渠道购买符合食品安全规范的产品。

菠菜虾肉泥

原料调料

菠菜 50 克，鲜虾 3 只。

烹调方法

1. 将鲜虾挑去虾线洗净，煮熟后去壳，去头、尾，将虾肉剁碎。

2. 菠菜洗净，烫熟，切碎。

3. 将虾肉碎和菠菜碎放入料理机中，打成泥搅拌均匀即可。

主要原料

中间步骤

营养说明

7~9 个月的宝宝辅食，质地可以从开始的泥糊状逐渐变成带有小颗粒的状态，所以，虾泥、菜泥可以打得稍微有一些颗粒度，让宝宝感受不同食物的状态，是非常有利于宝宝后续辅食添加的。

三文鱼胡萝卜山药泥

 原料调料

三文鱼 40 克，山药 20 克，胡萝卜 20 克，核桃油少量。

 烹调方法

1. 山药、胡萝卜去皮蒸熟。

2. 将三文鱼、山药和胡萝卜切成丁，放入蒸锅中蒸 15 分钟，打成泥糊状。

3. 在打好的糊中滴入几滴核桃油，搅拌均匀即可。

主要原料

中间步骤

营养说明

若宝宝辅食的制作过程中需要额外添加油脂，则推荐以富含亚麻酸的植物油为首选，比如亚麻籽油、核桃油等，来满足宝宝对必需脂肪酸的需求。

食物多样化是一个基本前提，在此基础上，要尽量选择营养价值高、食品安全风险低、容易消化吸收的种类。让宝宝抓握食物、"玩"食物是非常有益的，不但可以使宝宝增加对食物的兴趣，还能促进其神经系统的发育。

PART 4

10~12月龄宝宝辅食添加

NO.1 10~12月龄宝宝辅食添加营养指导

NO.2 10~12月龄宝宝一周辅食安排示例

NO.3
粥面类

NO.4
其他食物类
（手指食物）

NO.1

10~12 月龄宝宝辅食添加营养指导

　　10 ～ 12 月龄的宝宝每天的进食量为 600 毫升奶（母乳或较大婴儿配方奶）、1 个鸡蛋、50 克肉禽鱼，一定量的谷物类（强化铁的婴儿米粉、稠厚的粥、软饭、馒头等），蔬菜、水果的量根据婴儿的需要而定。

　　绝大多数宝宝在 12 月龄前会萌出第一颗乳牙，可在 10 ～ 12 月龄时为宝宝制作可以磨牙的手指食物（泛指可直接用手抓食的食物），并且宝宝已有了抓食的意愿，应鼓励宝宝自己用手抓着吃。10 ～ 12 月龄特别为宝宝设计了几款"手指食物"，可促使宝宝多咀嚼，满足宝宝发育需求。

10~12月龄宝宝一周辅食安排示例

时间	餐次	周一	周二	周三	周四
早上7点	早餐	母乳／配方奶，以喂奶为主，需要时添加辅食			
		香蕉饼	蔬菜丸子	土豆泥	香蕉磨牙棒
上午10点	加餐	母乳／配方奶			
中午12点	午餐	鸡丝粥	胡萝卜角瓜豆腐粥	猪肝丝瓜粥	蔬菜字母面
下午3点	加餐	母乳／配方奶，以喂奶为主，需要时添加辅食			
		豌豆土豆鸡肉丸配香蕉块	麦片苹果泥配土豆块	鸡蛋鱼泥米粥配火龙果块	小米土豆饼
晚上6点	晚餐	四宝米粥	香蕉火龙果米粥	鸡蛋菠菜碎碎面	西蓝花鸡肉粥
晚上9点	加餐	母乳／配方奶			

时间	餐次	周五	周六	周日
早上7点	早餐	母乳／配方奶，以喂奶为主，需要时添加辅食		
		奶溶豆	奶香蛋黄小饼干	山药豆腐蔬菜条
上午10点	加餐	母乳／配方奶		
中午12点	午餐	小白菜虾皮颗粒面	番茄蝴蝶面	鲜虾蛋黄粥
下午3点	加餐	母乳／配方奶，以喂奶为主，需要时添加辅食		
		麦片苹果泥配土豆块	鸡蛋鱼泥米粥配火龙果块	豌豆土豆鸡肉丸配香蕉块
晚上6点	晚餐	红薯粥	山药南瓜粥	三文鱼豆腐菜心粥
晚上9点	加餐	母乳／配方奶		

PART 4

10~12月龄宝宝辅食添加

NO.3

粥面类

鸡丝粥

原料调料

大米 20 克，鸡胸肉 25 克，胡萝卜 20 克。

烹调方法

1. 鸡胸肉洗净，去筋膜，下入冷水锅中煮熟，待凉后手撕成丝状后再切细碎备用。

2. 胡萝卜洗净，去皮后切细碎。

3. 大米熬煮成烂粥，放入鸡丝碎、胡萝卜碎小火熬煮一会儿即可。

主要原料

中间步骤

营养说明

各种肉粥都是值得推荐的辅食，肉丝、肉末、小肉丸、肉馅等很适应婴幼儿的消化能力。尤其是鸡肉，相对于猪肉、牛肉，鸡肉的纤维更少，肉质更加细嫩，比较容易咀嚼，更适合月龄比较小的宝宝。这一阶段的宝宝，可以增加食物的稠厚度和颗粒度，并注重培养宝宝对食物和进食的兴趣。

胡萝卜角瓜豆腐粥

原料调料

胡萝卜 20 克，角瓜 20 克，豆腐 20 克，大米 20 克。

烹调方法

1. 胡萝卜、角瓜洗净去皮，切小丁，煮熟备用。
2. 豆腐切小丁，焯水备用。
3. 大米先泡 20 分钟，然后熬成粥。
4. 把胡萝卜丁、角瓜丁、豆腐丁放入粥里再小火熬至黏稠（不断搅拌以免烟底）。

主要原料

中间步骤

营养说明

胡萝卜、角瓜、豆腐不但营养成分互相补充，在色彩上也十分搭配。这几种食材切成小丁加到粥里，既营养美味，又色彩绚丽，能够刺激宝宝的进食欲望。

四宝米粥

原料调料

山药 25 克,南瓜 25 克,紫薯 20 克,
大米 15 克。

烹调方法

1. 山药、南瓜、紫薯洗净去皮,切
成小丁。

2. 大米洗净,加入适量的清水煮成
大米粥。

3. 将山药丁、南瓜丁、紫薯丁放入
大米粥里,改小火慢煮 30 分钟左
右即可。

主要原料

中间步骤

营养说明

尽量不要给宝宝吃白米
粥,其营养价值较低,食
材太单调。蔬菜粥、肉粥、
豆制品粥都是提升米粥营
养价值的好选择。10～12
月龄的宝宝已经可以尝试
并适应许多种类的食物,
这一阶段应继续扩大宝宝
食物种类的范围。

香蕉火龙果米粥

原料调料

香蕉 20 克，火龙果 15 克，大米 15 克。

烹调方法

1. 大米洗净，加入适量的清水煮成粥（煮到大米开花时关火）。
2. 香蕉、火龙果分别去皮后切成小丁，蒸熟。
3. 将香蕉丁和火龙果丁倒入大米粥中搅拌均匀即可。

主要原料

营养说明

将水果丁加入大米粥中一起烹调，口味独特，可以促进宝宝的食欲。香蕉和火龙果都特别适合做成泥糊状添加到粥里。辅食添加的过程中要注意水果不宜添加得过多，每天 1 次即可。

西蓝花鸡肉粥

原料调料

西蓝花 10 克，鸡肉 25 克，胡萝卜 20 克，
大米、小米各 15 克。

烹调方法

1. 胡萝卜洗净去皮切成小片，鸡肉切成
块，与大米、小米一起煮成粥。

2. 把胡萝卜鸡肉粥放在料理机中打细碎。

3. 西蓝花洗干净，用清水煮熟，煮软一
点切碎。

4. 将西蓝花碎加进胡萝卜鸡肉粥里煮开
即可。

主要原料

营养说明

10 月龄以上的宝宝适合食
用一些带有小颗粒的厚粥。
西蓝花切碎之后拌到粥里，
可以让宝宝感受到不同的
口感。西蓝花是非常适合
这个月龄宝宝食用的辅食
食材。

山药南瓜粥

 原料调料

山药20克，南瓜20克，大米20克。

 烹调方法

1. 大米中加入适量水煮成粥。
2. 山药、南瓜去皮蒸熟，切成小丁。
3. 将山药丁、南瓜丁放入大米粥中，煮至山药丁和南瓜丁软烂即可。

 主要原料

中间步骤

 **营养说明**

随着宝宝月龄的增加，宝宝辅食要逐渐多样化。应尽量兼备多种食材，但是也需要遵循辅食添加的原则，循序渐进，密切关注宝宝是否有过敏现象。

三文鱼豆腐菜心粥

 原料调料

三文鱼 30 克,豆腐 5 克,菜心 10 克,大米 20 克。

 烹调方法

1. 大米加适量水煮成大米粥。

2. 菜心洗净,去掉硬纤维,用水煮熟,切碎。豆腐切成小丁。三文鱼切成片,蒸熟后用筷子夹碎。

3. 把三文鱼碎、菜心碎、豆腐丁放入煮好的大米粥里,再煮 5 分钟即可。

主要原料

 营养说明

这款粥里面有三文鱼、豆腐、菜心,营养非常全面。这个月龄的小宝宝最好每天有 50 克鱼禽肉类的摄入,让宝宝多尝试不同食物的口味和口感,可降低将来挑食、偏食的风险。

猪肝丝瓜粥

原料调料

猪肝 30 克，丝瓜 20 克，大米 20 克，姜片少许。

烹调方法

1. 猪肝用水冲洗干净，切成薄片。锅中加入凉水，加姜片烧开，下入猪肝片煮 2 分钟，中间没有血水即可。

2. 大米加入适量水煮成大米粥。

3. 丝瓜去皮切成薄片，烫熟，切碎。

4. 丝瓜碎和猪肝片用料理机打成泥。

5. 将丝瓜猪肝泥加入大米粥中煮 5 分钟搅拌均匀即可。

主要原料

营养说明

宝宝在 6 个月以后，随着月龄的增长，对铁的需求量逐渐增加，通过膳食补铁是非常有效的措施。猪肝加到粥里配上丝瓜做成猪肝丝瓜粥，是非常适合宝宝的补铁食物，每周可食用 1~2 次。

鲜虾蛋黄粥

原料调料

青虾2只，菜心1棵，熟蛋黄半个，
煮好的米粥50克。

烹调方法

1. 青虾去头、尾，去壳，去虾线。
2. 菜心去掉表面的硬纤维，焯水。
将虾和菜心切碎。
3. 将米粥烧开，放入菜心碎和虾肉
碎，煮2分钟，关火。
4. 将熟蛋黄碾碎放入粥里，搅拌均
匀即可。

主要原料

中间步骤

营养说明

鱼禽蛋肉都含有丰富的蛋白质，在粥里给宝宝加入一些虾、蛋黄，不仅可以
增加宝宝优质蛋白的摄入量，还可以增加粥的稠厚度，这种颗粒状食物可以
促使宝宝多多咀嚼，也有利于牙齿的萌发。

红薯粥

原料调料

红薯 30 克，大米 25 克。

烹调方法

1. 红薯去皮、切小丁。

2. 大米洗净，在水中泡 20 分钟。

3. 将大米和红薯丁放入锅中，加入水煮沸转小火熬 30~40 分钟，粥烂即可。

主要原料

营养说明

红薯中含有丰富的膳食纤维、维生素和矿物质，从营养和口感上都非常适合作为宝宝的辅食食材。红薯与大米粥混合在一起，粥里也会带有红薯的甘甜，是宝宝们非常喜欢的一款美食。

南瓜泥鸡蛋粥

原料调料

南瓜 30 克，鸡蛋（取蛋黄）半个，大米 20 克。

主要原料

烹调方法

1. 南瓜切成两半，掏出籽、去皮、切成小丁；大米浸泡 10 分钟。

2. 鸡蛋黄打散。

3. 大米和南瓜丁加水一起煮 40 分钟，然后顺着锅边淋一圈蛋黄液快速搅拌均匀，煮熟即可。

中间步骤

营养说明

南瓜和蛋黄都是质地非常细腻的食材。蛋黄集中了整个鸡蛋的大部分营养，营养素密度很高，非常适合辅食添加之初的婴幼儿。再加上甜甜的南瓜，不但口味得到了改善，营养也丰富多了。

蔬菜字母面

原料调料

字母面 25 克，油菜 20 克，龙利鱼肉 20 克，盐、香油、葱丝、姜片各适量。

烹调方法

1. 油菜洗净切碎，龙利鱼肉解冻以后，用少许盐、葱丝和姜片腌制入味。

2. 蒸锅中放水烧开后，放入龙利鱼肉蒸 5 分钟，葱丝垫在鱼肉底下。

3. 蒸鱼时可另起一锅煮字母面，煮得软烂一些，面熟之后把油菜碎放入煮锅里和面一起煮一会儿。

4. 鱼肉蒸熟后用勺子碾碎。

5. 字母面煮熟以后，和油菜碎一并倒入碗中，将鱼肉碎也倒入碗中，滴几滴香油调味即可。

主要原料

营养说明

接近 1 岁的小宝宝，应该逐渐尝试各种不同口感的食物，对于后续良好饮食习惯的养成非常重要。选择字母面、颗粒面这样不同形状的面食，加上营养丰富的鱼肉和蔬菜，既富有营养又能激起小宝宝的饮食兴趣。

鸡蛋菠菜碎碎面

原料调料

碎碎面25克，菠菜20克，鸡蛋1个，香油适量。

烹调方法

1. 菠菜洗净，焯水，凉透切碎。

2. 鸡蛋打入碗中，取一半加少许温水搅散。

3. 锅中加水沸腾后煮碎碎面，煮得软烂一些，面熟之后把菠菜碎放入煮锅里和面一起煮，沿着锅边淋入鸡蛋液。

4. 滴几滴香油调味即可。

主要原料

营养说明

碎碎面已经可以看到小块的面条的样子了，比颗粒面要稍大一些。随着宝宝月龄的不断增长，应该有意识地引入一些性状更符合宝宝发育特点的食物。碎碎面和菠菜鸡蛋组合在一起，既有主食，又有蔬菜，还有鸡蛋，营养搭配均衡。

小白菜虾皮颗粒面

 原料调料

颗粒面 20 克，小白菜 15 克，无盐虾皮、核桃油各少许。

 烹调方法

1. 小白菜洗净焯水，凉透后切碎。
2. 虾皮切碎。
3. 锅中加水沸腾后煮颗粒面，煮得软烂一些，面熟之后把小白菜碎、虾皮碎放入煮锅和面一起煮。
4. 最后滴几滴核桃油调味即可。

主要原料

 营养说明

小白菜虾皮颗粒面不但味道鲜美，而且营养也十分丰富。虾皮中含有丰富的钙，虾皮碎和颗粒面混合到一起，增加了更多鲜美的味道。

番茄蝴蝶面

 原料调料

蝴蝶面 20 克，番茄 20 克，胡萝卜 20 克，土豆 20 克，亚麻籽油少许。

主要原料

 烹调方法

1. 将番茄、胡萝卜、土豆分别洗净，去皮，切成小丁。

2. 将蝴蝶面放入开水锅中煮熟，然后捞出过凉，备用。

3. 锅内倒入少许亚麻籽油，锅刚热后放入番茄丁、胡萝卜丁、土豆丁炒熟，待炒出香味后放入蝴蝶面拌匀即可。

中间步骤

营养说明

用酸甜可口的番茄和软糯的土豆混合在一起，口感非常好。番茄含有丰富的胡萝卜素、维生素 C 和 B 族维生素，其中含有的番茄红素还有抗氧化的作用。蝴蝶面最好选择中间无硬心的品种。

猪肝泥蔬菜面

 原料调料

碎面条 20 克，猪肝 20 克，小油菜 20 克，胡萝卜 10 克，姜 1 片，玉米油少许，酱油 3 滴。

 烹调方法

1. 猪肝洗净搅成泥，加入 3 滴酱油和 1 片姜腌制 10 分钟。胡萝卜洗净去皮切碎，小油菜洗净切碎，备用。

2. 面条入沸水锅煮熟后捞出装碗。不粘锅中放入油，下入猪肝泥炒熟后添水，放入面条和蔬菜。全部食材煮熟后倒入碗中即可。

主要原料

中间步骤

 营养说明

肝泥特别适合辅食添加初期的小宝宝，可以增加宝宝铁的摄入量。单独吃肝泥，有的宝宝可能会不接受这种口味，而且口感比较干。如果在主食中加入肝泥，则既可以丰富主食的营养，又可以增加宝宝对食物的喜爱。

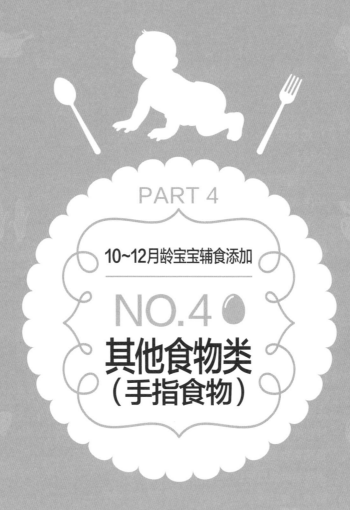

PART 4

10~12月龄宝宝辅食添加

NO.4

其他食物类
（手指食物）

土豆泥

 原料调料

土豆 20 克，鸡蛋 1 个，亚麻籽油少许。

 烹调方法

主要原料

1. 鸡蛋煮熟去皮，纵向一分为二，取半个蛋黄。

2. 土豆洗净去皮，切成块煮熟，用勺子按压成泥。

3. 把蛋黄和土豆泥混在一起，加少许亚麻籽油，搅拌均匀，用半个蛋清作盛器。

 **营养说明**

土豆提供淀粉、钾和维生素 C，既是蔬菜也是粮食，蛋黄提供蛋白质、脂类、维生素 A、B 族维生素和微量元素，两者搭配营养更加齐全。另外，加入少许亚麻籽油，一方面能让食物调和得更加均匀，另一方面更好地满足了宝宝对必需脂肪酸的需求。

麦片苹果泥配土豆块

原料调料

苹果 20 克，麦片 20 克，土豆 20 克。

烹调方法

1. 苹果洗净去皮、切块、蒸熟，用料理机打成泥。
2. 土豆去皮、切块、蒸熟。
3. 把苹果泥、麦片搅拌均匀，旁边搭配上土豆块即可。

营养说明

这款辅食适合 10 个月以上的宝宝，土豆切成小块是为了帮助宝宝锻炼啃咬、咀嚼、吞咽等进食能力。家人也要鼓励宝宝自己去抓取、拿捏食物。

豌豆土豆鸡肉丸配香蕉块

NO.4 其他食物类
（手指食物）

原料调料

新鲜豌豆粒 10 克，土豆 20 克，鸡胸肉 30 克，香蕉 20 克。

主要原料

烹调方法

1. 新鲜豌豆粒洗净，土豆洗净、去皮、切块，二者一起煮熟备用。

2. 鸡胸肉洗净、去筋膜、切块煮熟，再和豌豆粒、土豆一起用料理机打成泥，用勺子挖成丸子状备用。

3. 香蕉去皮，切成块。把混合泥和香蕉块配在一起即可。

营养说明

随着月龄的增加，可以给宝宝准备一些适合手抓的"手指食物"，鼓励宝宝自己抓着吃。这款辅食中含有薯类、鲜豆、肉类和水果，营养全面。

鸡蛋鱼泥米粥配火龙果块

 原料调料

鸡蛋1个，鳕鱼 30 克，大米 20 克，火龙果 20 克。

 烹调方法

1. 鸡蛋煮熟去皮，取一半。鳕鱼去皮、洗净、煮熟、切块。

2. 把鸡蛋、鳕鱼块用料理机打成泥，备用。

3. 大米煮成粥，把鸡蛋和鱼混合成的泥放入其中，搅拌均匀，小火熬至黏稠。

4. 火龙果切块即可。

主要原料

中间步骤

 营养说明

辅食添加早期，为了补铁，一般建议首选加铁米粉，而不是普通米粥，但随着宝宝长大，在 1 岁左右时可以由肉类、鱼类和动物肝脏提供丰富的铁，此时用普通米粥也是完全可以的，未必一直要吃加铁米粉。

香蕉饼

 原料调料

香蕉 30 克，面粉 20 克，橄榄油、蓝莓各少许。

 烹调方法

1. 香蕉去皮后用勺子压成泥，香蕉要挑熟的。

2. 面粉用温水冲开，不要太稠，和香蕉泥混合均匀。

3. 不粘锅中下入橄榄油（注意油温不能太高）。将香蕉面粉糊倒入锅中，两面煎至金黄色，盛盘后用蓝莓点缀即可。

中间步骤

 **营养说明**

香蕉质地柔软，细腻香甜，轻煎之后，宝宝可以自己用手拿着吃。一般在 10 个月左右的时候可以尝试给宝宝制作一些类似于香蕉饼、土豆饼这样比较柔软的手指食物，锻炼宝宝的抓握能力。

小米土豆饼

原料调料

小米 30 克，鸡蛋 1 个，奶粉 1 勺，土豆 100 克，核桃油适量。

烹调方法

1. 先将小米用清水泡 20 分钟；鸡蛋煮熟，去壳，碾碎；土豆洗净，去皮，切成小丁。

2. 将泡好的小米和土豆丁一起蒸 15 分钟。蒸好后打成糊状，再用滤网过滤去渣。

3. 过滤好的土豆小米糊加鸡蛋碎、奶粉，搅拌均匀。

4. 平底锅中加少许核桃油，中火将土豆小米糊慢慢倒在平底锅中，变成黄色后翻面再煎一会儿，煎熟即可。

营养说明

这款小米土豆饼非常适合 10 ~ 12 月龄的宝宝，可以让宝宝自己用手抓食，对锻炼宝宝的手眼协调能力很有帮助。而且小米土豆饼口感软烂，容易咀嚼，适合乳牙刚刚萌出的小宝宝磨牙用。

蔬菜丸子

原料调料

土豆 50 克，南瓜 20 克，胡萝卜 20 克，淀粉适量。

烹调方法

1. 土豆去皮，蒸熟，捣成泥。南瓜去皮，切成小细丁。胡萝卜去皮，切成小细丁。

2. 土豆泥、南瓜丁、胡萝卜丁混合均匀，加入 1 勺淀粉搅拌均匀。

3. 搓成小丸子，上锅蒸 6 分钟左右即可。

中间步骤

营养说明

接近 1 岁的宝宝，在饮食上已经能够接受一些固体状态的食物了，比如蔬菜丸子，既可以作为一餐中的菜肴，也可以作为两餐之间的加餐。丸子不建议做得太大，以宝宝能够自己用手拿住为宜。

山药豆腐蔬菜条

 原料调料

豆腐 20 克，淀粉 5 克，山药 15 克，青椒 10 克，胡萝卜 15 克，核桃油少许。

主要原料

 烹调方法

1. 豆腐、青椒分别洗净，切小丁备用。胡萝卜洗净去皮，切小丁备用。山药洗净去皮（戴手套防过敏），切小丁备用。胡萝卜丁、青椒丁焯水，捞出沥干。

2. 山药和豆腐一起放入料理机，加入少量水，打成细腻的山药豆腐泥。加入淀粉、核桃油，用筷子充分搅拌。

3. 将处理好的胡萝卜丁、青椒丁加入山药豆腐泥中，搅拌均匀。

4. 耐高温的小玻璃碗中铺上耐高温的保鲜膜，倒入山药豆腐蔬菜泥，抹平后放入蒸锅，水开后蒸 15 分钟。蒸熟后取出切成条即可。

 营养说明

这也是一款专门为接近 1 岁的小宝宝设计的"手指食物"，宝宝自主喂食，可以体会到更多食物的乐趣。同时，豆腐、山药、青椒、胡萝卜可以提供多种维生素和矿物质，还有优质蛋白，为宝宝的生长发育提供了必要的营养储备。

香蕉磨牙棒

原料调料

面粉20克，香蕉30克，鸡蛋黄(生)1个。

烹调方法

1. 熟透的香蕉去皮，压成香蕉泥。

2. 香蕉泥中加面粉、鸡蛋黄搅拌，揉成光滑的面团，醒30分钟。

3. 取出面团，擀成薄薄的片，整成长方形，切去边角料，再擀成更薄的片。

4. 把薄片切成1厘米宽的长条，两端反方向拧一拧整理一下形状，放入烤盘。

5. 放入预热至180℃的烤箱，上下火烤25分钟上色即可。

主要原料

中间步骤

营养说明

磨牙棒是很多妈妈给宝宝选择的一款食物，可以锻炼宝宝的咀嚼和手眼协调能力。可以在家里自制一款磨牙棒，蛋黄和香蕉都可以很好地混入面粉中，这样做成的磨牙棒，既没有添加剂，也不必添加很多糖，很适合小宝宝。也可以加入一些蔬菜汁，做成蔬菜磨牙棒。

奶溶豆

原料调料

火龙果适量，奶粉 25 克，鸡蛋（取蛋清）1个，玉米淀粉 12 克，细砂糖、柠檬各少许。

主要原料

烹调方法

1. 首先挖出火龙果肉，用辅食专用筛网将果肉按压成泥，不要籽。

2. 将准备好的奶粉、玉米淀粉、火龙果泥搅拌均匀，然后过筛（也可以用料理机）。火龙果泥不要一次加得太多，不够再加，否则太稀没法做，制成火龙果糊。

3. 找一个干净的盆（装蛋清的盆必须无水无油）放入蛋清，挤入几滴柠檬汁，打发蛋清，低速打发到体积变大两倍没有气泡，分 3 次加细砂糖，制成蛋白霜。拿出 1/3 的蛋白霜和之前的火龙果糊拌匀。动作一定要快，翻拌几下就好。然后倒入余下的蛋白霜继续翻拌均匀，装入裱花袋（我用的是樱花中号裱花嘴），开始挤溶豆。

4. 提前 10 分钟预热烤箱。100℃烤 1 小时（每个烤箱情况不一样，用时稍有差别）即可。

营养说明

很多妈妈会给宝宝买现成的溶豆，其实在家自制溶豆给宝宝食用更安全，更健康。用水果、奶粉和面粉自制的溶豆，可以变换很多口味，选择宝宝喜欢的水果加入溶豆中，可以让宝宝体会到更多食物的味道。奶溶豆入口即溶，可以作为宝宝的零食在两餐之间食用。

奶香蛋黄小饼干

原料调料

蛋黄（生）1个，奶粉20克，柠檬1个，白砂糖少许，低筋面粉15克。

主要原料

烹调方法

1. 蛋黄中挤入柠檬汁，放入白砂糖，用电动打蛋器打发到膨胀发白，提起打蛋器蛋液滴落不会马上消失。

2. 蛋黄液中倒入奶粉、低筋面粉，用橡皮刮刀以切入的方式搅拌均匀，划Z字形不容易消泡，制成面糊。

3. 将面糊装入裱花袋，挤在硅胶烤垫上，滴成小圆形。放入预热至160℃的烤箱中，中层上下火烘烤12分钟出炉。

营养说明

这款辅食中蛋黄所占的比例最大，对于不喜欢吃鸡蛋的宝宝来说是一款很好的辅食。蛋黄小饼干几乎吃不出蛋黄的味道，加上奶粉之后更有一种奶香，而且携带方便，可以作为宝宝餐后或者外出食用的零食。

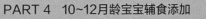

良好的饮食习惯从生命的最初阶段就要开始培养，添加辅食的过程中要让宝宝品尝、接纳、喜欢各种不同的食物，包括谷类、蔬菜水果类、肉类、蛋类、鱼虾类等。宝宝会感受这些食物不同的味道、气味和口感等，感受得越多则接纳度越高。相反，如果宝宝只尝试单调的食物，那么以后容易偏食挑食。

宝宝辅食添加营养全书

PART 5

13~18月龄宝宝辅食添加

NO.1 13~18月龄宝宝辅食添加营养指导

NO.2 13~18月龄宝宝一周辅食安排示例

NO.3 粥面类

NO.4 蔬果类

NO.5 鱼虾肉蛋和大豆制品类

NO.1

13~18月龄宝宝辅食添加营养指导

　　13 ~ 18 月龄大小的宝宝，应该逐渐安排与家人一起共进一日三餐，并在早餐和午餐、午餐和晚餐之间各增加一次点心。每天食物摄入量大致安排如下。奶类每天 500 毫升左右，鸡蛋 1 个，肉禽鱼类 50 ~ 75 克，同时可以食用软饭、面条、馒头、婴儿米粉等谷物类 50 ~ 100 克。建议这个阶段的宝宝要不断尝试不同种类的食物，蔬菜、水果要供应丰富，根据食量选择性地摄入。尝试食用一些稍微块大一点的食物，增加进食量。

NO.2 13~18月龄宝宝一周辅食安排示例

时间	餐次	周一	周二	周三	周四
早上 7 点	早餐	母乳 / 配方奶			
		加铁米粉 + 蒸鸡蛋羹	加铁米粉 + 爱心豆腐	加铁米粉 + 罗宋汤	西蓝花米糊 + 宝宝牛肉汤
上午 10 点	加餐	母乳 / 配方奶			
		香蕉块	火龙果块	苹果片	猕猴桃片
中午 12 点	午餐	肉末油菜面条	鲜虾香菇 小云吞	三文鱼菜心 豆腐粥	鸡蓉口蘑 麦片粥
下午 3 点	加餐	母乳 / 配方奶			
		奶溶豆	奶香蛋黄 小饼干	山药豆腐 蔬菜条	奶溶豆
晚上 6 点	晚餐	山药南瓜粥	西蓝花鸡肉粥	排骨 小白菜面	猪肝丝瓜粥
		鲜菇肉丸汤	豆腐肉丸汤		豆腐蔬菜羹
晚上 9 点	加餐	母乳 / 配方奶			

时间	餐次	周五	周六	周日
早上 7 点	早餐	母乳 / 配方奶粉		
		白菜米糊 + 土豆胡萝卜鳕鱼丸	金枪鱼米糊 + 什锦炖菜	红薯海虾山药卷
上午 10 点	加餐	母乳 / 配方奶		
		草莓片	橙子	葡萄
中午 12 点	午餐	菌类疙瘩汤	鱼丸鲜虾面	鲜虾粥
下午 3 点	加餐	母乳 / 配方奶		
		奶香蛋黄小饼干	香蕉饼	小米土豆饼
晚上 6 点	晚餐	小白菜虾皮颗粒面	番茄蝴蝶面	鲜虾蛋黄粥
		菜心猪肉丸子汤	虾蔬鸡蛋卷	蔬菜鱼卷
晚上 9 点	加餐	母乳 / 配方奶		

PART 5

13~18月龄宝宝辅食添加

NO.3

粥面类

肉末油菜面条

原料调料

里脊肉 20 克，油菜 30 克，宝宝面条 30 克，核桃油少许。

烹调方法

1. 洗好的油菜切成小丁，取 1 片里脊肉剁成泥。

2. 水开后加入油菜、面条和肉泥一起煮，煮好后加少许核桃油调味。

主要原料

营养说明

宝宝辅食专用面条有特定的要求，此类产品一般都带有一个"营养素包"，在面条煮好后加入，可起到强化营养的作用。

鲜虾香菇小云吞

 原料调料

鲜虾3只，干香菇1个，鸡蛋1个，面粉50克，菠菜10克，五花肉20克，葱、姜、亚麻籽油各少许。

主要原料

 烹调方法

1. 鲜虾去头、尾，去壳，挑出虾线，洗干净，用刀背剁成泥。鸡蛋打入碗中，取半个蛋清。

2. 五花肉打成泥，倒入蛋清，朝一个方向充分搅拌，让它们完全混合。

3. 干香菇泡软切末，葱、姜也切末，放进肉馅中加水反复搅拌，放入适量亚麻籽油继续搅拌均匀，做成云吞馅。

4. 菠菜焯水，榨汁，过滤，加入面粉中和成柔软的面团。

5. 面团做成云吞皮，包入云吞馅即可。注意皮不要太厚，否则不利于小宝宝咀嚼吞咽。

 营养说明

虾肉高蛋白、低脂肪，虾肉中还含有甜菜碱，这一成分具有维持体温的作用。香菇中的维生素D能提高人体对钙的吸收率，强健骨骼。鲜虾与香菇的搭配更能促进宝宝对钙的吸收。

三文鱼菜心豆腐粥

 原料调料

三文鱼 30 克，菜心 15 克，豆腐 20 克，大米 25 克，柠檬汁少许。

 烹调方法

1. 三文鱼去皮，洗净，切成丁。用不粘锅轻轻煎制一下，洒少许柠檬汁去除腥味。

2. 菜心洗净，焯水后切碎备用。豆腐切丁，焯水备用。

3. 大米泡水 20 分钟，熬煮成粥，放入三文鱼丁、菜心碎、豆腐丁，搅拌均匀即可。

主要原料

中间步骤

 营养说明

三文鱼富含脂肪酸，是 DHA 较好的来源之一。三文鱼肉厚刺少，烹调方法简单，可以跟蔬菜或其他食材搭配，很适合宝宝食用。

鸡蓉口蘑麦片粥

原料调料

口蘑 3 个，洋葱 20 克，鸡肉 30 克，速食燕麦 30 克。

烹调方法

1. 鸡肉切块，口蘑、洋葱切碎。

2. 锅中加入清水，将鸡肉块、口蘑碎、洋葱碎放入水中煮 5 分钟。

3. 将鸡肉块捞出，撕成细丝，再放回锅中，大约煮 10 分钟。

4. 将速食燕麦打碎，放入锅中一起煮 1 分钟，搅拌均匀即可。

主要原料

中间步骤

营养说明

鸡肉中含有丰富的蛋白质，燕麦中含有丰富的膳食纤维，二者和口蘑混合在一起，给宝宝做成鸡蓉口蘑麦片粥，美味可口，营养丰富，特别适合 1 岁以上的宝宝食用。1 岁以后的宝宝慢慢地可以自己用勺子吃饭，虽然会有一些撒落，但却是锻炼自己用餐的最好时机。

菌类疙瘩汤

原料调料

面粉 35 克，杏鲍菇 15 克，蟹味菇 10 克，鸡蛋（取蛋清）半个，小葱、核桃油各少许。

烹调方法

1. 杏鲍菇、蟹味菇洗净，切丁，焯水备用。小葱切成葱花，备用。

2. 面粉放入碗中，用鸡蛋清搅成面疙瘩备用。

3. 锅中烧热水，水开后把面疙瘩放入，待成熟后再放入杏鲍菇丁、蟹味菇丁煮 3 分钟。

4. 最后放入少许葱花、核桃油即可。

主要原料

中间步骤

营养说明

疙瘩汤也是简单易行的辅食类形，可以混入蔬菜、鸡蛋、鱼虾和肉类等多种食材，营养全面。注意，疙瘩汤要尽量颗粒均匀，有利于宝宝咀嚼吞咽。

鱼丸鲜虾面

原料调料

鲅鱼 30 克，鲜虾 10 克，螺旋面 25 克，鸡蛋（取蛋清）半个，油菜 15 克，核桃油少许。

烹调方法

1. 鲅鱼开背，用勺子在两边刮取肉泥，放入料理机里打一下（打时加一些泡过大葱和姜的水以及蛋清），取出调入核桃油拌匀。用勺子挖成一个个鱼丸。

2. 鲜虾去头、尾，去壳，去虾线，开背。油菜洗净，切碎。

3. 烧水煮面条，七分熟时转小火，加入鱼丸、鲜虾和油菜碎，煮熟即可。

主要原料

营养说明

给宝宝吃的面条一定要混入肉类或鱼虾（丸）、蛋类和蔬菜（碎）等多种食材，最好使用核桃油、亚麻籽油、芝麻油等适合宝宝食用的高品质烹调油。这时候宝宝用勺子如果控制不好，可能会想要用手去抓取，要逐渐引导宝宝合理使用餐具。

鲜虾粥

原料调料

鲜虾 30 克，大米 25 克。

烹调方法

1. 鲜虾洗净，去头、尾，去壳，去除虾线，切成末。

2. 大米淘洗一次后再泡 20 分钟，熬成粥。

3. 把虾末放入粥里煮至黏稠即可。

主要原料

中间步骤

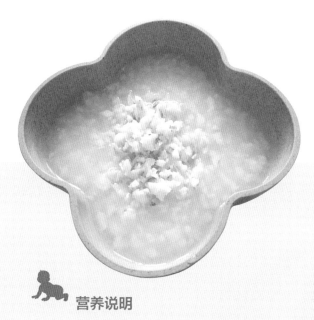

营养说明

虾是营养价值很高的食材，富含优质蛋白、铁和钙等，海虾还富含碘，这些都是宝宝最需要补充的营养素。不过，虾也是常见的易过敏食物，过敏体质或易发湿疹的宝宝食用之前要咨询医生。

排骨小白菜面

原料调料

肋排 2 块，小白菜 20 克，宝宝面条 30 克，姜、鸡汤各适量。

烹调方法

1. 肋排凉水下锅，焯水去沫，与姜一起用压力锅压制半小时至排骨软烂。
2. 小白菜洗净，切成段。
3. 开水下入宝宝面条，煮软后捞出。
4. 自制无盐鸡汤（可以用水代替），加入面条、排骨、小白菜煮 2 分钟即可。

营养说明

肋排是常见的手指食物，适合宝宝抓握。小白菜切段，长短要适合宝宝的进食能力，既不要一味地碎烂，也不要太长不易吞下。辅食食材切配的大小、长短既要与宝宝的进食能力相符合，又要锻炼其提高进食能力，并不是越细碎越好。

香菇猪肉小水饺

 原料调料

五花肉 30 克，干香菇 2 个，面粉 30 克，胡萝卜 10 克，葱碎、姜泥、亚麻籽油各少许，酱油 3 滴。

 烹调方法

1. 五花肉加酱油打成泥，加入姜泥和葱碎混合，制成肉馅。

2. 干香菇泡软切末，胡萝卜去皮切末，一起放进肉馅中加水反复搅拌，再放入适量亚麻籽油继续搅拌均匀，做成饺子馅。

3. 面粉和成柔软的面团，做成饺子皮，包入饺子馅即可。

主要原料

中间步骤

 营养说明

1 岁以上的宝宝，基本上可以独立进餐了，把面食做成饺子，既可以丰富食材的种类，又可以让宝宝自己拿着食用，锻炼宝宝的口眼协调能力。另外，将猪肉做成肉馅，更有利于其中营养物质的吸收和利用。

PART 5

13~18月龄宝宝辅食添加

NO.4

蔬果类

冬瓜时蔬卷

 原料调料

冬瓜30克,胡萝卜10克,香菇10克,青笋10克,紫甘蓝10克,亚麻籽油、酱油、柠檬汁、水淀粉各少许。

 烹调方法

1. 冬瓜去皮,切成薄片;胡萝卜(去皮)、香菇、青笋、紫甘蓝切成丝。

2. 用冬瓜片把所有的蔬菜丝卷起来,上锅蒸8分钟。

3. 热锅中加入亚麻籽油,烹入少许酱油和柠檬汁,加水淀粉调成芡汁,薄薄地淋在菜卷上。

主要原料

中间步骤

 营养说明

这是一款以多种蔬菜为主的辅食,稍微有一丝咸味,适合1岁半以上的宝宝抓握食用。

什锦炖菜

原料调料

番茄 50 克，茄子 50 克，黄瓜 50 克，洋葱 50 克，橄榄油少许。

烹调方法

1. 番茄、黄瓜、茄子洗净，去皮，切丁。洋葱洗净，切丁。

2. 炒锅中放入橄榄油加热，先放入洋葱翻炒，再加入黄瓜、茄子、番茄翻炒。

3. 加入适量水，盖上锅盖，用小火慢炖 30 分钟左右，炖至蔬菜软烂即可。

主要原料   中间步骤

营养说明

添加辅食的最终目的是逐渐转变为成人的饮食模式，鼓励 1 岁以上的宝宝尝试家庭食物，或者将辅食的形式逐渐向成人食物转化。1 岁以前宝宝吃的大多数是"混合"食物，1 岁以后，宝宝可以逐渐建立起肉、饭、蔬菜的概念，对后续良好饮食习惯的养成很有帮助。

罗宋汤

原料调料

牛肉 50 克，洋葱半个，番茄 1 个，土豆 50 克，菜心 1 棵，姜片、黄油各少许。

烹调方法

1. 番茄放入热水里烫一下去皮。菜心去掉硬纤维，焯水。土豆、洋葱、番茄、菜心分别切成小块。

2. 牛肉放入锅中，加入适量水，放入姜片煮开，去血水。

3. 捞出牛肉切成小块，和土豆一起放入蒸锅中蒸 8 分钟，打成泥。

4. 锅中放入黄油，先下洋葱爆香，然后放入番茄、菜心以及牛肉土豆泥，加入适量清水，一起煮至软烂即可。

主要原料　　　　　　　中间步骤 1　　　　　　　中间步骤 2

营养说明

这款辅食汤里面没有加任何调味品，但口味却非常丰富，都是食材本身的味道。将不同的食材搭配起来，丰富口感，用餐时佐以可口的汤类，是宝宝最喜欢的进食方式。

番茄炒鸡蛋

原料调料

番茄 50 克，鸡蛋 1 个，蒜、葱、油各适量。

烹调方法

1. 番茄洗净后放入开水中浸泡 1 分钟去皮，然后切成小丁。

2. 鸡蛋加水充分打散，取一半备用。不粘锅中放少许底油，用葱、蒜爆锅。

3. 先加入鸡蛋液翻炒，略微呈块状就盛出，然后再炒番茄丁，不用放油，炒软后加入鸡蛋用铲子切成小块翻炒均匀出锅。

主要原料

营养说明

和家常版的番茄炒鸡蛋不同，给宝宝制作的番茄炒鸡蛋，没有加盐，用番茄本身的味道刺激宝宝的味蕾。菜肴中也没有加太多的油和糖，宝宝品尝到的基本上是食材本身的味道。13~18 月龄宝宝的家庭食物应该是少盐、少糖、少刺激的淡口味食物，并且最好是家庭自制的。

豆腐蔬菜羹

 原料调料

豆腐20克，胡萝卜20克，娃娃菜10克，香菇10克，葱、盐、油、水淀粉各适量。

中间步骤

 烹调方法

1. 胡萝卜洗净去皮切细丝，娃娃菜洗净切细丝，香菇焯水后洗净切细丝，葱切末，豆腐切丝。

2. 起锅热油，倒入葱末煸出香味。胡萝卜丝倒入油锅中翻炒至断生。香菇丝倒入油锅中和胡萝卜丝一起翻炒1分钟左右。

3. 倒入热水小火煮一会儿，将豆腐丝倒入锅中，倒入少许盐调味，煮1～2分钟快要熟的时候加入娃娃菜丝。

4. 出锅前加入水淀粉勾芡，稍煮1分钟就可以起锅了。

 营养说明

豆制品中含有丰富的优质蛋白，口感细软，非常适合宝宝食用。将豆腐和各种蔬菜切丝，搭配在一起，非常符合1岁以上宝宝的饮食特点。在合适的时机提供与宝宝年龄和发育水平相适应的不同性状的辅食，可以刺激宝宝口腔运动技能的发育，有利于宝宝乳牙的萌出。

宝宝牛肉汤

原料调料

牛肉25克，蟹味菇15克，土豆15克，大头菜10克，胡萝卜20克，洋葱10克，油、盐、鸡汤各适量。

烹调方法

1. 牛肉洗净，切成小丁。蟹味菇洗净，切成丁。大头菜、洋葱洗净，切成小丁。胡萝卜、土豆洗净，去皮，切成丁。

2. 不粘锅中放入油，炒软洋葱后加入牛肉翻炒，下入蟹味菇炒出香味，再加入大头菜、胡萝卜、土豆继续翻炒。变软后加入1勺鸡汤，加满水大火滚开，文火熬1小时。

3. 出锅前加少许盐调味。

主要原料

中间步骤

营养说明

这是一款趋于成人化的辅食，在营养上，牛肉可以提供优质的蛋白质和丰富的铁，非常适合用于给宝宝制作辅食。1岁以上宝宝铁的需要量增加，极易因铁摄入不足而造成缺铁性贫血。牛肉、羊肉、猪肉中含有丰富的铁，非常适合宝宝食用。再加上蟹味菇、大头菜等蔬菜，提供了多种维生素和矿物质。

虾皮圆白菜

原料调料

圆白菜 80 克，虾皮 5 克，大蒜 1 瓣，橄榄油少许。

烹调方法

1. 圆白菜洗净，切成细丝；虾皮洗净备用。

2. 不粘锅中放入橄榄油，加入大蒜爆锅炒软，加入一点水煸炒圆白菜。

3. 圆白菜炒软后下入虾皮即可（注意，最好选择无盐虾皮）。

营养说明

虾皮圆白菜口感脆嫩，味道鲜美，是很多小宝宝喜欢的一道辅食，在制作过程中要注意食材的新鲜度和烹调的口味。虾皮最好选择无盐的，制作的时候，菜肴几乎可以不放盐，也会有非常鲜美的味道。另外，虾皮除了起到提鲜的作用，它还能提供比较丰富的钙元素。

PART 5

13~18月龄宝宝辅食添加

NO.5

鱼虾肉蛋
和大豆制品类

土豆胡萝卜鳕鱼丸

原料调料

鳕鱼30克，土豆40克，胡萝卜20克。

烹调方法

1. 土豆、胡萝卜洗净，去皮，切丁，煮熟备用。

2. 鳕鱼去皮，洗净，煮熟，切丁备用。

3. 土豆丁、胡萝卜丁、鳕鱼丁放入料理机中打成泥，揉成丸子即可。

主要原料

中间步骤

营养说明

鱼丸、肉丸都是适合宝宝的辅食，还可以混入蔬菜。但必须强调，鱼丸和肉丸都要自己制作，从超市购买的鱼丸和肉丸营养价值低，食品添加剂较多，不适合宝宝食用。

蔬菜鱼卷

 原料调料

鸦片鱼 40 克，油麦菜 20 克，胡萝卜
20 克，酱油、姜各适量。

 烹调方法

1. 鸦片鱼切成大片。姜切薄片。油麦
菜洗净，切丝。胡萝卜洗净，去皮，切丝。

2. 鱼片平摊，将油麦菜丝和胡萝卜丝
一起卷起来。

3. 在鱼卷表面淋一点点酱油，把姜片
摆在上面，大火入锅蒸 8 分钟左右即可。

主要原料

 **营养说明**

这款辅食连鱼带菜，营养丰
富。除鸦片鱼外，三文鱼和
金枪鱼等没有刺的鱼肉都可
以做成鱼卷给宝宝吃，搭配
的蔬菜也不限于油麦菜，换
成小白菜、油菜等亦可。

虾蔬鸡蛋卷

原料调料

鲜虾 3 只，鸡蛋 1 个，黄瓜 10 克，胡萝卜 10 克，菠菜 10 克，牛奶、大豆油各适量。

烹调方法

1. 鲜虾去头去壳、去虾线，用热水焯熟，切成小细丁备用。

2. 黄瓜洗净去皮切成细丁，菠菜焯水后切成丁。胡萝卜洗净、去皮、切条后用热水焯熟，切细丁备用。

3. 鸡蛋打入碗中，和虾、黄瓜、胡萝卜、菠菜、牛奶混合，制成蛋糊。

4. 热锅中放入油，倒入蛋糊推成薄饼，卷起后切成小段即可。

主要原料	中间步骤 1	中间步骤 2

营养说明

虾、鸡蛋、牛奶和多种蔬菜搭配，营养价值高，适合宝宝食用，这也是增加蔬菜摄入量的好办法。

红薯海虾山药卷

原料调料

奶酪 15 克，海虾 2 只，红薯、山药各 100 克。

烹调方法

1. 奶酪切碎。红薯、山药去皮，洗净，蒸熟。分别将红薯和山药压成泥。在红薯泥还有余热时加入奶酪碎，搅拌均匀。

2. 虾煮熟，去壳、去头、去虾线，切碎。

3. 红薯泥和山药泥分别用保鲜膜包裹住，用擀面杖压平。

4. 打开保鲜膜，红薯泥在下面，铺上虾肉，盖上山药泥，卷成卷切段即可。

主要原料

营养说明

宝宝的肾脏发育不完善，选奶酪时要注意盐（钠）含量，看一下奶酪包装袋上的营养成分表，若钠的 NRV% 超过 15% 就不要选，钠的 NRV% 越小越好，为零最好。选用奶酪来制作食物，也是增加宝宝奶摄入量的一个好办法。保鲜膜一定要用耐高温食品级的。

爱心豆腐

鱼虾肉蛋
NO.5 和大豆制品类

 原料调料

豆腐 30 克，香菇 10 克，胡萝卜 10 克，鸡蛋（取蛋清）半个，枸杞、香菜叶、盐、橄榄油、水淀粉、鸡汤各适量。

 烹调方法

1. 香菇洗净，切成丁备用。胡萝卜洗净，去皮，切成丁备用。

2. 豆腐捻碎挤出水分，做成豆腐泥，放入香菇丁、胡萝卜丁、鸡蛋清和盐，搅拌均匀。

3. 取心形模具，抹上少许橄榄油，填上豆腐泥，刮平，放入蒸锅中用中火蒸 15 分钟。

4. 鸡汤煮沸，加点盐，然后用水淀粉调成芡汁，淋在豆腐上。

5. 最后用枸杞、香菜叶装饰在豆腐上。

主要原料	中间步骤 1	中间步骤 2

 **营养说明**

制作出好的菜肴造型是吸引宝宝注意力、调动其食欲的好办法，可以引导宝宝用小勺挖取食物自己吃。这个月龄的宝宝愿意尝试抓握小勺自己吃饭，虽然仍有较多撒落，但是父母应该给予充分的鼓励，并保持耐心。

豆腐肉丸汤

 原料调料

瘦猪肉 25 克，北豆腐 20 克，鸡蛋（取蛋清）半个，葱末、姜末、蒜末、油菜、胡萝卜、木耳、盐、蚝油各适量。

 烹调方法

1. 油菜洗净，切成丝。胡萝卜洗净，去皮，切成丝。木耳泡发，切成丝。

2. 瘦猪肉剁碎成馅，加入盐、蚝油、葱末、姜末、蒜末搅匀，再加入蛋清搅匀。

3. 北豆腐放入保鲜袋，压碎，加入搅拌好的肉馅中拌匀。

4. 锅中放入水，水开后将肉馅揉成丸子放入锅中煮，肉丸漂起后放入油菜丝、胡萝卜丝和木耳丝煮沸，关火。

主要原料

中间步骤

 营养说明

有些宝宝不喜欢吃豆腐或其他大豆制品，把豆腐混入肉丸中可以解决这个问题。将宝宝不太喜欢的食物"藏起来"，混入其他食物中，可以解决因排斥某种食物而拒食的问题。

鲜菇肉丸汤

原料调料

猪肉 25 克，鸡蛋（取蛋清）半个，胡萝卜 20 克，小白菜 10 克，蟹味菇 10 克，葱末、姜末、蒜末、盐各少许。

主要原料

烹调方法

1. 小白菜洗净，切碎。胡萝卜洗净，去皮，切片。蟹味菇洗净，切小段。

2. 猪肉剁碎成馅，加入盐、葱末、姜末、蒜末搅匀，再加入蛋清搅匀。

3. 锅中放入水，水开后将肉馅揉成丸子放入锅中煮，待肉丸漂起后放入小白菜碎、胡萝卜片和蟹味菇段煮沸关火。

营养说明

肉丸、肉馅、肉饼是宝宝进食肉类的好方式，味道好，易消化，还能混入蔬菜等多样化食材。将肉做成肉丸，可以更好地促进肉中铁元素、蛋白质等在体内的消化吸收，非常适合年龄比较小的宝宝食用。

菜心猪肉丸子汤

原料调料

猪五花肉 100 克，菜心 30 克，姜末、葱花、洋葱、生粉、酱油、芝麻油各适量。

烹调方法

1. 洋葱洗净，切碎。猪五花肉剁成泥，加入生粉、酱油、芝麻油拌匀。

2. 切碎的洋葱与姜末混合，放入猪肉泥，加适量温水，向一个方向搅拌均匀，上劲儿。

3. 将做好的肉泥揉成丸子状，不要太大。

4. 菜心洗净，煮熟。

5. 锅中放入凉水，烧开后下入肉丸子煮熟，然后再下入菜心，煮 6 分钟左右，撒上葱花即可。

营养说明

猪肉丸、牛肉丸，甚至鱼丸，都非常适合 13 ~ 18 月龄的小宝宝。这些丸子最好是家庭自制的，可以保证原料的品质和新鲜度，并且能够尽可能地避免高油高盐。

蒸鸡蛋羹

原料调料

鸡蛋 1 个，奶粉 5 克，南瓜 10 克，亚麻籽油 2 滴。

烹调方法

1. 南瓜蒸熟，去皮，压成泥，加入奶粉、亚麻籽油搅拌均匀。

2. 鸡蛋打入碗中，用蛋抽竖直搅打，加入 1.5 倍的水，然后把蛋液过滤。

3. 碗中放入蛋液和南瓜泥，搅匀，盖上盖子或是保鲜膜，中火慢蒸 10 分钟。

中间步骤 1	中间步骤 2	中间步骤 3

营养说明

鸡蛋羹中加入一些奶粉、南瓜，会让蛋羹的口味更加丰满和细嫩，南瓜的加入可以让鸡蛋羹看起来颜色也更诱人。如此变换鸡蛋的加工方式和呈现形式，能减少宝宝对鸡蛋的烦腻感，从而保证宝宝的营养需求。

养育孩子不仅仅要照顾他们，还要培养、锻炼他们，这是两个相对独立又互相联系的过程，不能偏废。只有照顾、没有培养和锻炼是万万不可的，这会让你的宝宝能力落后。添加辅食时让他们接纳略有刺激的味道，接受稍硬一些的口感，处理稍大块一点的食物……这些挑战对他们的成长非常有益。

宝宝辅食添加营养全书

PART 6

19~24月龄宝宝辅食添加

NO.1 19~24月龄宝宝辅食添加营养指导

NO.2 19~24月龄宝宝一周辅食安排示例

NO.3 米面类

NO.4 蔬果类

NO.5 鱼虾肉蛋和大豆制品类

19~24月龄宝宝辅食添加营养指导

19 ~ 24 个月宝宝每天进食量：500 毫升奶（母乳或配方奶），1 个鸡蛋，50 ~ 75 克肉禽鱼类，50 ~ 100 克谷物类（软饭、面条、馒头、强化铁的婴儿米粉等），蔬菜、水果的量仍然依据宝宝需要而定（尝试不同种类的蔬菜和水果，尝试啃咬水果片或煮熟的大块蔬菜）。学会自己吃饭，并逐渐过渡到与家人一起进食家庭食物。到 24 月龄时能比较熟练地用小勺自食，少有撒落。

NO.2 19~24月龄宝宝一周辅食安排示例

时间	餐次	周一	周二	周三	周四
早上7点	早餐	母乳/配方奶			
		四宝米粥 +小馒头	猪肝丝瓜粥 +小馒头	加铁米粉 +小馒头	鲜虾粥 +小馒头
上午10点	加餐	母乳/配方奶			
		牛油果块	圣女果	橘子块	柚子块
中午12点	午餐	香煎三文鱼意面	番茄洋葱 牛肉饭	菠萝豌豆 炒饭	虾仁牛油果面
下午3点	加餐	母乳/配方奶			
		鸡蛋香蕉卷	奶香蛋黄 小饼干	酸奶红薯泥	鸡蛋土豆 芝士饼
晚上6点	晚餐	南瓜小馒头	七星瓢虫花卷	小乌龟馒头	南瓜小馒头
		彩椒蔬菜炒蛋	蔬菜肉末蛋	蔬菜小米浓汤	西蓝花虾肉汤
晚上9点	加餐	母乳/配方奶			

时间	餐次	周五	周六	周日
早上7点	早餐	母乳/配方奶		
		蒸鸡蛋羹 +肉末油菜面条	菌类疙瘩汤	蔬菜肉末蛋
上午10点	加餐	母乳/配方奶		
		蓝莓	雪梨块	西瓜块
中午12点	午餐	鳕鱼菜心冬菇烩饭	鲜虾香菇小云吞	排骨小白菜面
下午3点	加餐	母乳/配方奶		
		奶香蛋黄小饼干	香蕉饼	宝宝鲜虾肠
晚上6点	晚餐	七星瓢虫花卷	小乌龟馒头	鸡肉蔬菜饼
		秋葵炒鲜虾	五彩杂蔬	鱼肉黄瓜酸奶沙拉
晚上9点	加餐	母乳/配方奶		

PART 6

19~24月龄宝宝辅食添加

NO.3

米面类

香煎三文鱼意面

 原料调料

意面 30 克，三文鱼 30 克，西蓝花 3 朵，柠檬汁、大豆油、盐各适量。

 烹调方法

1. 西蓝花掰成小朵，焯水备用。

2. 锅内烧水，加少许油和盐，待水热后下入意面，煮 15 分钟后捞出，过凉水备用。

3. 锅内放油，待油热后把三文鱼煎熟，淋上柠檬汁备用。

4. 锅内再放油，放入意面翻炒，再加入西蓝花翻炒，炒熟后盛出，把三文鱼放在意面上，将西蓝花配在盘边即可。

 营养说明

炒意面配以鱼虾、肉类和蔬菜，成为一款多样化的辅食，适合 2 岁左右的幼儿食用。炒面这样的辅食，要尽量做得软烂，让宝宝容易咀嚼。

南瓜小馒头

原料调料

南瓜 25 克，面粉 50 克，酵母 1 克。

烹调方法

1. 南瓜去皮去瓤，切成片，放入蒸锅蒸熟，用小勺压成泥。

2. 南瓜泥放入小盆里，加入适量面粉和酵母揉成光滑的面团，发酵 3 小时。

3. 发酵好的面团放在面板上排气揉匀，然后分成几等份，做成馒头坯。

4. 馒头坯放入蒸锅饧 10 分钟，然后大火蒸 10 分钟，关火闷 5 分钟即可。

主要原料

营养说明

把南瓜、胡萝卜、菠菜等蔬菜与面粉混合制作馒头、花卷、面包、面条等面食，不仅是增加蔬菜摄入的好办法，也是提高面食营养价值的好手段。在制作辅食的时候，对于一些宝宝不太喜欢的食物，可以将它"藏"起来，比如这款南瓜小馒头，就是将南瓜"藏在"面粉里。

七星瓢虫花卷

 原料调料

火龙果（红色果肉）25 克，面粉 60 克，墨鱼汁 5 克，酵母 2 克。

 烹调方法

1. 火龙果肉榨汁，和 40 克面粉、1.5 克酵母、水混合均匀，揉成光滑的玫红色面团备用。

2. 墨鱼汁和余下的面粉、酵母和成光滑的绿色面团。

3. 玫红色面团做成七星瓢虫的身子和头部，绿色面团做成七星瓢虫的背部，制作好后饧发 20 分钟，锅上汽后蒸 15 分钟即可。

 营养说明

菜肴做成卡通造型是吸引幼儿注意力、调动其食欲的最佳方法，是每个妈妈都应该掌握的"绝招"。墨鱼汁有染色作用，其本身无法被消化吸收，用一点点即可。

小乌龟馒头

 原料调料

面粉 50 克，菠菜 30 克，酵母 1 克。

 烹调方法

1. 25 克面粉、0.5 克酵母加水混合均匀，揉成光滑的白色面团备用。

2. 菠菜焯水后榨汁，与余下的酵母一起加入到余下的面粉中，和成光滑的绿色面团。

3. 取一块白色面团分成一大一小两份，大的做成乌龟的身体，小的做成乌龟的头和腿。

4. 取一块绿色面团放在白色面团上面做成乌龟的壳，把整个小乌龟做好后饧发 20 分钟，锅上汽后蒸 15 分钟即可。

 **营养说明**

面团发酵的速度受很多因素的影响。要想缩短发酵时间，可以适当升高环境温度，放少许糖，多加一些酵母，或者在面团中加菊粉等。面粉中加蔬菜、鸡蛋、奶粉则能提高其营养价值。

鸡蛋土豆芝士饼

原料调料

土豆30克，鸡蛋1个，芝士1片，面粉20克，胡萝卜适量，盐、油各少许。

烹调方法

1. 胡萝卜洗净，去皮，切成丝。土豆去皮，蒸熟，捣成泥。芝士切成丝。

2. 鸡蛋打匀，加入土豆泥，再加入面粉，搅拌至无生粉颗粒，加少许盐调成面糊。

3. 开小火，锅中加少许油，倒入调好的面糊，铺上胡萝卜丝、芝士丝。加入少许水，盖好盖子，用蒸汽焖熟即可。

主要原料

营养说明

这款辅食适合2岁左右的宝宝。给宝宝制作食物的时候，蒸制是一个十分常用的办法，相对于油煎或者油炸能更好地保存食物的营养，同时能带来更加柔软细腻的口感。

鳕鱼菜心冬菇烩饭

原料调料

大米 25 克，鳕鱼 30 克，菜心 10 克，冬菇 10 克，豌豆粒 10 克，帕玛芝士粉少许。

烹调方法

1. 鳕鱼去刺切成小丁，菜心洗净切成小丁，冬菇泡发好后切成小丁。

2. 把豌豆粒、鳕鱼、菜心、冬菇与大米（最好提前浸泡一下）一起倒入电饭煲里，混合做成米饭，出锅后撒上帕玛芝士粉即可。

主要原料

营养说明

宝宝的主食尽量不要选择纯白米饭，建议在米饭中混入肉类、鱼虾和蔬菜，既美味好吃，又营养丰富，还很容易做到食物多样化。这一阶段的辅食也要尽量保持原味，不加盐、糖及刺激性调味品，保持清淡口味。

虾仁牛油果面

原料调料

面条 100 克，虾仁 30 克，牛油果半个，牛奶 50 克，清汤适量，蒜少许。

烹调方法

1. 牛油果去皮去核，切片，跟牛奶一起打成奶昔。

2. 面条煮软过冷水。蒜爆香后下入虾仁炒至虾仁变色，再下入面条。

3. 倒入清汤，加入牛油果奶昔，待汤汁烧开后，充分裹住面条即可。

主要原料

营养说明

用牛油果奶昔做成的面条，口味清淡，口感也很顺滑，非常适合2岁以内的宝宝食用。不使用油和盐，做出的面条口味清淡，有利于提高宝宝对不同天然食物口味的接受度，减少偏食挑食的风险。淡口味的食物也可以避免宝宝对盐和糖的过量摄入，降低儿童期及成人期肥胖、糖尿病、高血压、心血管疾病的患病风险。

菠萝豌豆炒饭

原料调料

菠萝 20 克，豌豆粒 10 克，米饭 50 克，鸡蛋 1 个，胡萝卜 10 克，大豆油少许。

烹调方法

1. 菠萝去皮，切成丁备用；胡萝卜洗净，去皮，切成丁备用。豌豆粒焯水备用。

2. 把鸡蛋打散后取一半炒熟备用。

3. 锅内烧热油，放入豌豆粒、胡萝卜丁翻炒，再放入米饭（凉米饭）和鸡蛋，最后放入菠萝丁即可。

主要原料

营养说明

蛋炒饭中混入蔬菜、水果和肉类，也是适合宝宝的吃法。大多数宝宝都喜欢吃蛋炒饭，用菠萝调整菜肴的口味，更能促进宝宝的食欲。

番茄洋葱牛肉饭

NO.3 米面类

 原料调料

洋葱 50 克，番茄 1 个，牛肉 100 克，大米 150 克，香葱、姜、蒜、生粉、油、盐各少许。

 烹调方法

1. 牛肉切成细丝，加少许生粉、少量盐搅拌均匀，腌 30 分钟。

2. 番茄洗净，去皮，切成大块，放入料理机搅成糊状。

3. 洋葱和香葱切碎，蒜切末，姜切末。

4. 冷锅下油，把姜、蒜炒香，下入牛肉丝炒至八分熟，下入洋葱炒香后一起放入料理机搅成糊状。

5. 电饭锅内放入洗好的大米，加入平时煮饭一半量的水，再倒入番茄糊和牛肉糊。不用搅动，盖上锅盖煮饭。

6. 饭好后撒上香葱搅拌均匀，关火闷 10 分钟即可。

 营养说明

番茄洋葱牛肉饭是很多宝宝非常喜欢的一款美食，但是牛肉口感比较硬，将牛肉和洋葱一起打成糊状，和番茄糊一起做成番茄牛肉酱，和米饭一起蒸熟，既方便又美味。

PART 6

19~24月龄宝宝辅食添加

NO.4

蔬果类

彩椒蔬菜炒蛋

 原料调料

红彩椒20克，鸡蛋1个，菜花20克，
豌豆粒10克，蒜、油各适量。

 烹调方法

1. 红彩椒洗净，去籽，切成小丁。
花菜洗净，切成小朵。豌豆粒焯水
至熟。鸡蛋打散，蒜切片。

2. 不粘锅中放入少许底油，加蒜爆
锅，下入红彩椒、菜花和豌豆粒翻炒，
炒软后再加入蛋液一起继续翻炒，
成熟即可。

主要原料

中间步骤

 营养说明

宝宝的味觉、嗅觉都在不断地发育，
同时菜肴的色彩也可以促进宝宝视
觉的发育，引起对食物的兴趣。红
彩椒、鸡蛋、菜花、豌豆粒组合在
一起不仅是一道营养十分丰富的菜
肴，还能促进宝宝的进食兴趣。注
意在给宝宝制作辅食的时候，尽可
能地选择优质的原材料，尽可能地
新鲜，并仔细择选和清洗。

五彩杂蔬

原料调料

玉米粒 20 克，胡萝卜 20 克，黄瓜 10 克，红彩椒 10 克，豌豆粒 10 克，核桃油、盐、水淀粉各少许。

烹调方法

1.胡萝卜、黄瓜洗净，去皮，切小丁；红彩椒洗净，切小丁；豌豆粒煮熟备用。

2.锅中放入少许核桃油，煸炒胡萝卜丁，再依次下入玉米粒、红彩椒丁、豌豆粒、黄瓜丁，加少许水翻炒均匀，再加少许盐调味，最后淋入少许水淀粉勾薄芡即可。

主要原料

营养说明

五彩杂蔬，口感偏甜，是宝宝最为熟悉的味道，很受宝宝的欢迎。制作这款辅食的时候，要注意各种食材颗粒的大小。

宝宝开始尝试各种家庭食物的时候，因大块食材哽噎而导致的意外风险会有所增加，所以要注意食材加工的颗粒不要太大，并且宝宝在进食时应固定位置，有成人看护。

蔬菜肉末蛋

原料调料

卷心菜 20 克，杏鲍菇 10 克，胡萝卜 20 克，香菇 10 克，里脊肉 25 克，鹌鹑蛋 1 个，盐少许。

烹调方法

主要原料

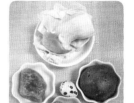

1. 里脊肉用料理机搅成肉泥备用。所有蔬菜都要洗净，切成细碎的小丁。

2. 鹌鹑蛋打入碗中，将蛋清与蛋黄分开，然后把里脊肉和蔬菜混合，加入蛋清，再加少许盐搅拌均匀。

中间步骤

3. 将混合好的肉馅装入碗中，在肉馅中间挖一个小洞，把蛋黄放进小洞里。上锅蒸 15 分钟即可。

营养说明

保证食物既安全又有营养最基本的方法是将食物做熟，"蒸"无疑是最有营养、最方便的一种烹调方式。家长应该根据宝宝的喜好，选择优质的原料，尽量将食物加工得精细，完美。这款蔬菜肉末蛋改变了以往的蒸蛋方式，形式新颖，非常容易让宝宝接受并喜欢。

蔬菜小米浓汤

原料调料

洋葱10克,胡萝卜20克,西蓝花3朵,小米20克,土豆20克,油适量。

烹调方法

1. 小米清洗后浸泡1小时。放入料理机中,倒入水,打成细腻的小米汤。

2. 土豆、胡萝卜洗净,削皮,切成小丁。洋葱洗净,切成小丁。西蓝花掰成小朵焯水后,捞出。

3. 不粘锅内刷一层油,加入洋葱煸炒出香。加入胡萝卜丁,再加入土豆丁,炒至断生后倒入小米汤中煮沸,出锅前加入西蓝花,晾凉后给宝宝食用。

主要原料

中间步骤

营养说明

这款辅食将小米打成米汤,代替水,然后将各种食材加入米汤中,菜肴的整体口感稍微稠厚,可以作为宝宝的一顿正餐来食用。一般在制作汤羹的时候,很容易做过量,要注意宝宝的食物也要现做现吃,没有吃完的辅食不宜在下一餐时再次喂给宝宝。

西蓝花虾肉汤

 原料调料

西蓝花 30 克，鲜虾 3 只，蒜、油、汤、水淀粉各适量。

 烹调方法

1. 西蓝花洗净，去除梗，切成小朵。
2. 鲜虾去虾线，去壳，去头，洗净，用辅食剪剪成小块。
3. 锅中放入油，加蒜爆锅，加入西蓝花、虾肉翻炒，加入汤煮 15 分钟，最后加入水淀粉勾薄芡出锅。

主要原料

中间步骤

 营养说明

制作这款辅食一定要把虾线去除干净，包括腹部的虾线，如果去除不干净，汤会有一股土腥味。注意勾芡别太厚，芡汁要分几次加入，调整到合适的浓度。这个月龄的宝宝要注重咀嚼能力的锻炼，所以，虾和西蓝花都不再是泥糊状，而是颗粒状，逐渐向成人食物的性状过渡。

秋葵炒鲜虾

原料调料

秋葵 50 克，鲜虾 3 只，柠檬、盐、油、蒜末各少许。

烹调方法

1. 鲜虾洗净后用牙签挑去虾线，去头，去壳，用刀将虾肉切成小块。
2. 挤少许柠檬汁，加一点点盐，将虾肉搅拌腌制 10 分钟。
3. 切好的秋葵在沸水中焯 20 秒钟左右，捞出后过冷水，切成小丁。
4. 加热炒锅，倒入油，将蒜末炒香，把虾肉放入锅中炒变色，再倒入焯好的秋葵丁，翻炒均匀，出锅前加入适量盐调味即可。

主要原料

中间步骤

营养说明

在给宝宝制作辅食的过程中建议多使用鱼虾，这样能提供更多的不饱和脂肪酸，对宝宝的大脑发育有很大的促进作用。另外，这一阶段已经不用再制作成虾泥，可以加工成小块，让宝宝尝试各种"块状"食物，会降低很多喂养风险。

番茄菜花

 原料调料

番茄半个，菜花 40 克，蒜 1 瓣，玉米油少许，盐适量。

 烹调方法

1. 番茄去皮，切成丁，煸炒出汤汁。菜花切成小朵，焯水后控干水分。
2. 不粘锅中加少许油，用蒜爆锅后加入番茄丁，再加入菜花。
3. 出锅前加入盐，翻炒均匀即可。

主要原料

中间步骤

 营养说明

菜花往往口味相对单调，加入番茄一起炒制，会让整个菜肴带有酸甜的口感，能够刺激宝宝的食欲。番茄菜花无论是在口感上还是在感官上，都能让宝宝产生极大的进食欲望，从而增加食物的摄入量。

PART 6

19~24月龄宝宝辅食添加

NO.5

鱼虾肉蛋
和大豆制品类

鱼肉黄瓜酸奶沙拉

 原料调料

黄瓜50克，熟鱼肉（一定要除净鱼刺）50克，熟蛋黄1个，牛奶50克，酸奶适量。

主要原料

 烹调方法

1. 黄瓜洗净，去皮切成小碎块。
2. 将熟蛋黄放入碗中，加入牛奶抽打均匀。
3. 熟鱼肉撕成小碎块。
4. 将鱼肉、黄瓜、牛奶蛋黄放在一起搅拌均匀，淋上酸奶即可。

 营养说明

牛奶、酸奶香甜可口，是宝宝最为熟悉的味道。用酸奶或者牛奶和蔬菜、鱼肉混合在一起制作成奶味沙拉，宝宝会非常容易接受。另外，鱼肉和蛋黄的营养十分丰富，可以保证宝宝每天能够摄入足量的动物性食物，让宝宝的营养更加均衡。

鸡蛋土豆芝士饼

 原料调料

香葱 20 克，胡萝卜 20 克，鸡蛋 1 个，洋葱 20 克，芝士 20 克，土豆 150 克，橄榄油少许。

 烹调方法

1. 将鸡蛋打成蛋液。芝士切碎。将土豆、胡萝卜洗净，去皮，切成细丝。洋葱、香葱洗净，切碎。

2. 土豆丝、胡萝卜丝煮熟后过凉水捞出。

3. 中火热锅，下入橄榄油，先将洋葱炒出香味，倒入土豆丝、胡萝卜丝翻炒。

4. 转大火后倒入蛋液，再转小火撒上芝士和香葱，盖上锅盖焖 30 秒钟即可。

主要原料

 **营养说明**

鸡蛋的加工方式有很多种，如鸡蛋羹、煮鸡蛋、煎鸡蛋，或者像这款辅食这样和其他食材一起做成鸡蛋饼。

鸡肉蔬菜饼

 原料调料

鸡肉 50 克，胡萝卜 50 克，鸡蛋 2 个，米饭 100 克，菜心 1 棵。

主要原料

 烹调方法

1. 鸡肉放入冷水锅中煮制成熟，捞出，将鸡肉拆成细丝。菜心洗净，去除粗纤维。胡萝卜洗净，去皮，切片，下锅煮制成熟，切碎。

2. 将米饭、鸡肉、蔬菜一起搅拌均匀，用保鲜膜包住团成球状再压扁。

3. 鸡蛋打入容器中搅散，将饭饼放在蛋液里，两面裹匀蛋液。

4. 中火热锅，将饭饼两面各煎制 1 分钟即可。

中间步骤

 营养说明

鸡肉容易发柴，将鸡肉撕成细丝，混入食物中，口感更好，更利于咀嚼。这款辅食中既有肉，又有饭，还有菜，容易盛装和携带，适合准备外出时提前做好，外带给宝宝食用。

鸡蛋香蕉卷

 原料调料

鸡蛋 2 个，面粉 150 克，牛奶 50 克，香蕉 1 根，油少量。

 烹调方法

1. 先将面粉中加入牛奶，搅拌均匀。将鸡蛋打进去，搅拌均匀，用滤网过滤一下，制成面粉糊。

2. 平底锅中加入底油。大火热锅，下入调好的面粉糊，转中火煎成饼状。

3. 香蕉去皮。另起锅下入油，中火热锅，将香蕉四周煎熟取出，用面饼卷起即可。

 营养说明

1 岁以上的宝宝每天应该摄入大约 500 毫升奶类，如果平时宝宝的饮奶量不足，可以在辅食中用适量牛奶或者酸奶调制食物，来增加宝宝日常奶类的摄入量。

酸奶红薯泥

原料调料

红薯150克,火龙果50克,酸奶适量。

烹调方法

1. 将红薯洗净,去皮蒸熟,切成小块。火龙果洗净,去皮,切成小块。

2. 将红薯块与火龙果块放入料理机中,加入适量酸奶搅拌成泥状。

3. 取出装入碗中即可食用。

主要原料

中间步骤

营养说明

这款辅食可以作为宝宝正餐之外的零食来食用。红薯和火龙果的香甜与酸奶的口味十分搭配,口感也很细腻,可以锻炼宝宝用勺子挖取食物的动手能力。

宝宝鲜虾肠

原料调料

鲜虾 4 只，鸡蛋 1 个，玉米淀粉 5 克，盐、柠檬汁各少量。

烹调方法

1. 将鸡蛋的蛋黄和蛋清分离，取蛋清备用。

2. 鲜虾洗净后，用牙签挑去虾线，去头去壳，一定要处理干净，否则有腥味。用刀将虾肉切成小块。加少许柠檬汁，加一点点盐，将虾肉拌匀腌制 10 分钟。

3. 将虾肉放入搅拌杯中（料理机），搅成虾泥，搅拌好的虾泥有一点胶质的感觉，放到大碗中，然后放入玉米淀粉。分几次加入少许蛋清，搅拌成黏稠的状态，这样做虾肉肠才不容易散。把虾泥搅得上了劲，就可以了。

4. 把虾泥装进裱花袋中。用剪刀把裱花袋剪一个口，将虾泥挤到锡纸上。将锡纸包着虾泥卷起来。粗细根据宝宝月龄来定，把锡纸的两头捏紧，把虾泥均匀地挤在一起。最后将定型好的鲜虾肠放到蒸锅里大火蒸 10 分钟左右，蒸熟即可。

主要原料	中间步骤 1	中间步骤 2

营养说明

用虾肉和蛋清做成的宝宝鲜虾肠营养特别丰富，用锡纸包裹起来蒸熟，既不会破坏食物的营养，又可以获得很好的造型。这款宝宝鲜虾肠可以让宝宝在加餐的时候食用，也适合外出携带。另外，宝宝鲜虾肠的形状十分适合他们自己用小手抓着吃。

肉松

原料调料

猪里脊 500 克，盐、油、姜、葱各适量。

烹调方法

1. 猪里脊顺着肌肉纤维切成大块，尽量不要横切，纤维保留得长些。姜切成大片，葱切段。

2. 锅中放入足量清水，下入里脊肉烧开 2～3 分钟后关火。捞出后用清水冲洗干净。

3. 选用高压锅，加水没过肉，放入葱段、姜片。烧开上汽后转小火炖 20 分钟。捞出肉块沥干水分，放进料理机中，加盐充分搅碎成蓉。

4. 猪肉蓉放进面包机，加入油，选择面包机中的果酱功能来炒肉松。若没有面包机，可选不粘锅小火慢炒。全程要用小火，不停地翻炒，一直炒到肉松呈现干爽蓬松的状态。炒得越干，越有利于保存。

主要原料

中间步骤

营养说明

用猪肉加工成的肉松，是一款非常方便的辅食，可以密封包装好后存储起来。在外出或者不具备辅食加工条件的情况下，将肉松添加到宝宝的粥、面、饭里，能增加营养。注意，在制作猪肉松的时候要尽可能地少放油和盐。

三文鱼松

原料调料

三文鱼 100 克，柠檬、盐各适量。

烹调方法

1. 将三文鱼切成边长 1 厘米左右的小块。 柠檬切成片，然后用柠檬片和盐把三文鱼腌制 10 分钟。这样会让做好的三文鱼松有一种淡淡的柠檬清香。

2. 将腌制好的三文鱼用蒸锅蒸 8~10 分钟（三文鱼装盘，里面放少许水后再蒸，口感细嫩不柴）。

3. 三文鱼蒸好后取出，用勺子捣碎，继续用手撕得更碎一些。并且还要用手仔细翻查鱼肉内是否还有鱼刺。

4. 将三文鱼碎倒入不粘锅内，小火不断翻炒至水分收干。 炒三文鱼的时候不要倒油，只要将三文鱼倒入锅中小火翻炒就可以了。

5. 将炒好的三文鱼碎倒入料理机中搅碎，再次用小火翻炒，水分收干即可出锅。

主要原料

中间步骤

营养说明

三文鱼松最好是家庭自制，以保证食品安全。在制作鱼松的过程中，尽量不加或者少加油和盐。在外采购的婴儿肉松、肉酥等肉制品，成品中钠含量很高，不适合给宝宝食用。

香菇肉饼

鱼虾肉蛋
NO.5 和大豆制品类

 原料调料

猪肉馅 50 克，鲜香菇 2 朵，酱油适量，
白胡椒、油各少许。

主要原料

 烹调方法

1. 香菇泡发好后切细碎，加入酱油、
白胡椒和猪肉馅搅拌均匀。

2. 取一点肉馅，揉成圆形，压成饼状。

3. 锅中加入油，放入肉饼稍稍地煎一
下，加入少许水，盖上盖子焖熟。

中间步骤

营养说明

2 岁左右的宝宝，已经能够自主进食，将香菇、肉馅和匀，摊成小饼，可以
让宝宝自己抓食，培养宝宝对食物的兴趣。另外，把肉类切碎做成馅料来加
工，更有利于肉类中的营养物质在宝宝体内的消化吸收。